Baby's Energetic Food

Baby's Energetic Food

全营养宝宝餐

0至二岁宝宝辅食

精心设计美味辅食，
分四大类别，依照宝宝月龄的不同，
完整介绍84道轻松动手做的营养食谱。

●妈妈宝宝杂志 ◎编著

过敏体质宝宝适用

Baby's Energetic Food

华夏出版社

目录 Contents

Ch.1 吃是一切的开始 >>1
1-1 赢在起跑点 >>3
宝宝第一年的饮食指南
1-2 辅食要怎么吃？ >>9
重视宝宝的反应与真实感受

Ch.2 宝贝0至二岁营养MENU >>13

I.五谷类
01. 鲫仔鱼粥（适合7~9个月宝宝）>>17
02. 蔬菜面（适合7~9个月宝宝）>>17
03. 什锦通心面（适合10~12个月宝宝）>>18
04. 米糊（适合4~6个月宝宝）>>19
05. 烤吐司（适合7~9个月宝宝）>>19
06. 桂圆糯米粥（适合10~12个月宝宝）>>20
07. 麦糊（适合4~6个月宝宝）>>20
08. 鸡丝粥（适合10~12个月宝宝）>>21
09. 沙拉面包（适合10~12个月宝宝）>>22
10. 三明治（适合10~12个月宝宝）>>23
11. 煎萝卜糕（适合13~15个月宝宝）>>23
12. 鳕鱼粥（适合13~15个月宝宝）>>24
13. 焗烤通心粉（适合13~15个月宝宝）>>25
14. 鲑鱼炒饭（适合13~15个月宝宝）>>25
15. 馄饨汤（适合13~15个月宝宝）>>26
16. 猪肝粥（适合16~18个月宝宝）>>26
17. 蛋包饭（适合16~18个月宝宝）>>27
18. 茄汁炒饭（适合16~18个月宝宝）>>28
19. 丝瓜面线（适合16~18个月宝宝）>>29
20. 豆签面（适合19~21个月宝宝）>>29
21. 双色饭团（适合19~21个月宝宝）>>30
22. 卷寿司（适合22~24个月宝宝）>>31
23. 南瓜米粉（适合22~24个月宝宝）>>31
24. 鲔鱼比萨（适合22~24个月宝宝）>>32

II.鱼肉蛋肝类
01. 猪肝泥（适合7~9个月宝宝）>>34
02. 肉泥（适合7~9个月宝宝）>>34
03. 鱼松（适合7~9个月宝宝）>>35
04. 蛋黄泥（适合7~9个月宝宝）>>35
05. 狮子头（适合10~12个月宝宝）>>36
06. 香菇蒸蛋（适合10~12个月宝宝）>>37
07. 奶油鲑鱼卷（适合10~12个月宝宝）>>37
08. 香菇肉丸汤（适合13~15个月宝宝）>>38
09. 麻酱鸡丝（适合16~18个月宝宝）>>38
10. 猪肉串烧（适合16~18个月宝宝）>>39
11. 罗宋汤（适合16~18个月宝宝）>>40
12. 黄瓜镶肉（适合16~18个月宝宝）>>41
13. 香菇肉燥（适合19~21个月宝宝）>>41
14. 福袋（适合19~21个月宝宝）>>42
15. 腐皮肉卷（适合19~21个月宝宝）>>43
16. 小鱼蛋卷（适合22~24个月宝宝）>>43
17. 芋头蒸肉（适合22~24个月宝宝）>>44
18. 菠萝鸡片（适合22~24个月宝宝）>>44
19. 山药排骨汤（适合22~24个月宝宝）>>45
20. 鱼片汤（适合22~24个月宝宝）>>46

III.蔬菜类
01. 苋菜泥（适合4~6个月宝宝）>>48
02. 豌豆泥（适合4~6个月宝宝）>>48
03. 南瓜泥（适合4~6个月宝宝）>>49
04. 马铃薯泥（适合4~6个月宝宝）>>49
05. 红薯泥（适合7~9个月宝宝）>>50
06. 红薯叶泥（适合7~9个月宝宝）>>50

07. 胡萝卜泥（适合7~9个月宝宝）>>51
08. 番茄泥（适合7~9个月宝宝）>>51
09. 海带芽豆腐羹（适合10~12个月宝宝）>>52
10. 番茄豆腐（适合13~15个月宝宝）>>53
11. 蔬菜饼（适合16~18个月宝宝）>>53
12. 蔬菜卷（适合13~15个月宝宝）>>54
13. 四色沙拉（适合16~18个月宝宝）>>55
14. 糖煮胡萝卜（适合19~21个月宝宝）>>55
15. 青豆南瓜汤（适合19~21个月宝宝）>>56
16. 开阳白菜（适合19~21个月宝宝）>>56
17. 焗红椒（适合19~21个月宝宝）>>57
18. 扬出豆腐（适合19~21个月宝宝）>>57
19. 薯饼（5人份）（适合19~21个月宝宝）>>58
20. 烤马铃薯（适合22~24个月宝宝）>>59

IV 水果点心类：
01. 苹果汁（适合4~6个月宝宝）>>61
02. 西瓜汁（适合4~6个月宝宝）>>61
03. 菠菜汁（适合4~6个月宝宝）>>62
04. 胡萝卜果冻（适合4~6个月宝宝）>>62
05. 木瓜泥（适合4~6个月宝宝）>>63
06. 香蕉泥（适合4~6个月宝宝）>>63
07. 奇异西米露（适合7~9个月宝宝）>>64
08. 果酱松饼（适合10~12个月宝宝）>>64
09. 水果杏仁豆腐盅（适合10~12个月宝宝）>>65
10. 芋头豆花（适合10~12个月宝宝）>>65
11. 芝士乐之饼干（适合13~15个月宝宝）>>66
12. 核桃奶酪（适合13~15个月宝宝）>>66
13. 八宝牛奶粥（5人份）（适合16~18个月宝宝）>>67
14. 绿豆沙牛奶（适合16~18个月宝宝）>>67
15. 鸡蛋牛奶布丁（适合13~15个月宝宝）>>68
16. 水果酸奶沙拉（适合13~15个月宝宝）>>68
17. 香蕉牛奶汁（适合22~24个月宝宝）>>69
18. 牛奶桂圆冻（适合22~24个月宝宝）>>69
19. 凤梨果酱（适合19~21个月宝宝）>>70
20. 吐司牛奶布丁（适合22~24个月宝宝）>>70

Ch.3 宝宝长大了 >>73
3-1 该换奶了吗？ >>75
6至12个月宝宝的饮食原则

3-2 过敏宝宝 >>79
辅食添加守则

3-3 益生菌与益菌生 >>83
帮助好菌成长，保持身体健康

3-4 零食的选择 >>87
以营养点心来取代

Ch.4 打造健康宝宝 >>93
4-1 健全胃肠道 >>95
宝宝长得高又壮

4-2 调整饮食和生活习惯 >>99
轻松解决宝宝"嗯嗯"问题

4-3 宝宝不喝牛奶 >>103
"乳糖不耐受"是主因！

Ch.5 吃饭训练四步骤 >>107

Ch.6 离乳餐具大公开 >>117

★ **食谱索引 Index** >>123

Ch. 1

吃是一切的开始

赢在起跑点！宝宝第一年的饮食指南

从宝宝呱呱坠地开始，一举一动都牵动着父母的心，而如何让宝宝健康成长，更是备受父母关注的问题。根据研究发现，婴幼儿时期的营养会影响一生，为了奠定日后的健康基础，父母应该认真为宝宝规划第一年的饮食。

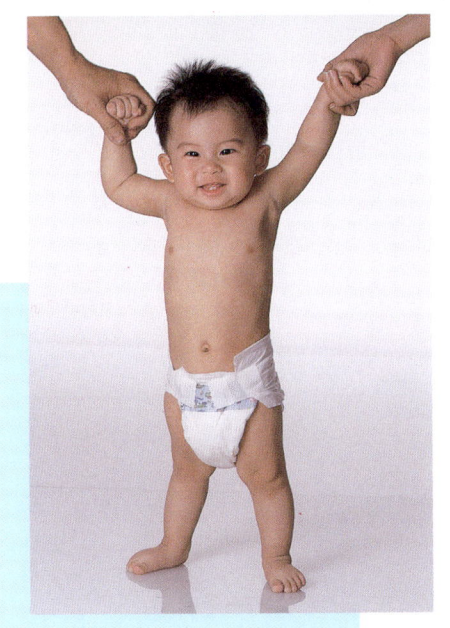

宝宝的成长只有一次，而0～1岁是生长发育的重要基础，父母亲大意不得。

宝宝的成长只有一次，宝宝出生后的第一年更是成长的关键。这时身体的各个部位的生长速度相当快，若能适时补充宝宝成长所需的营养，不仅可以打造出宝宝健康的体质，同时也让宝宝日后的行为发展更为健全。

宝宝刚出生时，由于蒸发作用、大小便等，会造成身体水分的流失，体重会略微减轻；等到大约10天后，体重就会开始明显增加，渐渐长大。

0～1岁是成长的关键

你的宝宝赶上进度了吗？

生长曲线图是判断宝宝生长是否正常的重要指标，其百分位所代表的意义是将每100位同月龄的宝宝依照身高、体重及头围做排行，只要位于25～75百分位之间的宝宝，都属于正常范围。此外，宝宝每个月的百分位落点如果突然有大幅波动，也必须考虑是否出现生长过慢或过快的情形，进一步针对饮食量来做调整。

在正常情况下，0～6个月是宝宝身高、体重增加最快的时期，平均每个月会增加身高2.5厘米，体重增加1公斤左右；6个月以后，宝宝的成长速度就会减缓，平均每天体重增加约15克，满周岁时身高通常是出生时的1.5倍。

在1岁以内宝宝的饮食中，蛋白质、脂肪、糖类等营养素，是宝宝成长过程中最重要的能量来源，能让宝宝长得又高又壮。这个时期宝宝的发育，以脑部、骨骼、神经系统、组织器官为主，为了让宝宝能够头脑聪明身体棒，营养的补充极为重要。这个时期的营养补充以蛋白质和矿物质如钙质、铁质等营养素最重要，这些都是造血、骨骼发展最需要的基本要素。

此外，食物中含有的维生素，也是维持宝宝正常代谢和生理功能需求的有机化合物。

宝宝成长速度参考表

宝宝的成长速度▼	0~6个月	6~12个月
体重	每个月增加1公斤	每天增加15克
身高	每个月长高2.5厘米	至满周岁时为出生时的1.5倍高

维生素的种类很多，按其溶解性可分为"脂溶性维生素"和"水溶性维生素"两大类，"脂溶性维生素"有维生素A、D、E、K；"水溶性维生素"有维生素B族（包括B_1、B_2、B_6、B_{12}）、维生素C、烟酸、叶酸、泛酸、胆碱等。

但是，医生强调，各种营养素必须互相配合，才能有效地被人体吸收利用。例如，钙质是建构骨骼、牙齿的重要元素，而钙质的吸收又受到脂肪吸收的影响。因此，如果只重视某种单一营养素的补充，没有均衡摄取全面的营养，就无法彻底发挥营养素的效用，进而就会影响到宝宝的生长发育。

由于母乳中所含的营养足以满足0~6个月宝宝的生长需求，6个月内主要以母乳喂养即可。而6个月之后，母乳已经无法提供宝宝生长所需的全面营养，此时就必须添加辅食加以补充。一般宝宝在4~6个月大时便可渐进地添加辅食，刚开始以五谷及根茎类的食物为主，到了7个月以后，可再给一些肉类食物，10个月左右则可以加入一些干饭。

制作辅食时应该尽量保持食物的原味。

宝宝吃多少才算饱？

每个宝宝的体质不同，对饮食的需求量也不同，因此，有关宝宝的饮食量的标准其实都只是一个建议值，必须视个人差异而定。一般来说，只要宝宝的体重持续增加,且在生长曲线图的正常范围内,就表示宝宝已经摄取到足够的饮食量。

1~3个月大的宝宝,母乳或配方奶是他们唯一的食物来源。不过对于喝母乳的宝宝来说,计算喝奶量有执行上的困难。如果要判断宝宝是否吃饱,最简单的方法就是从观察他/她的生长曲线着手。

妈妈也可以从自己乳房的变化来判断,如果喂完奶之后乳房仍有胀奶的现象,很可能是宝宝根本没有吸吮奶水,必须特别注意。此外,宝宝喝完奶后,如果没办法安稳睡觉,一直不断哭闹,也可能是因为还没有吃饱的关系。

至于喝配方奶的宝宝,父母应为宝宝慎重选择奶粉品牌。至于每天的饮食建议量,3个月以前每天每公斤体重约需120~150ml的奶量,4~6个月时除维持原来的奶量外,可为宝宝增加米糊、麦糊或果汁等辅食。

6~9个月以上的宝宝,每公斤体重的需奶量最多到120ml就够了。由于这时宝宝已经习惯吃辅食,只要不是完全不喝奶,不需要太过担

宝宝的饮食需求量会因为个体差异而有所不同。

宝宝该吃多少

宝宝的月龄	食物种类	分量
1~3个月	配方奶	120ml~150ml
4~6个月	配方奶	120ml~150ml
	米糊、麦糊、稀释果汁	半碗至1碗
7~9个月	配方奶	100ml~120ml
	淀粉类	2碗
	果泥	1~2汤匙
	肉泥、肝泥	2~3汤匙
10~12个月	配方奶	500ml
	淀粉类	2~3碗
	果泥、蔬菜泥	2~4汤匙
	肉泥	4汤匙

注:上述配方奶的奶量,以每公斤体重的需求计算。

添加辅食有诀窍

添加辅食必须要掌握"由少到多、由稀到稠、由一种到多种"的基本原则。

父母开始喂宝宝吃新的辅食时,必须以单一种类且少量的方式慢慢尝试,确定宝宝没有不良反应后,再逐渐加量。必须注意的是,添加辅食千万不能操之过急,一次只能添加一种新的食品,等宝宝适应后,才能再添加另一种新的

食品,以免因为宝宝胃肠道尚未发育成熟,引起食物过敏或不适。

如果宝宝尝试新的辅食后,出现红疹、腹泻等反应,应立即停止喂食该种食品,等宝宝肠胃恢复一两个月后再试,若情形较严重,则必须就医。

采取"液体——半固体——固体"的渐进式添加,是添加辅食的重要原则。

心。而在辅食的分量上,建议将淀粉类的食物增加到两碗,稀释果汁可调整为果泥,另外还可以准备肉泥、肝泥来喂食。

辅食补营养,也练咀嚼

10～12个月的宝宝因为活动能力增强,饮食需求量也相应增加,奶量的需求大约为每天500ml,甚至1岁以上的建议喝奶量,也都应该维持在500～700ml。辅食部分,宝宝此时已经开始长牙齿,建议给予一些软的干饭、小块状的食物,藉以训练宝宝的咀嚼能力。淀粉类、果泥、蔬菜及肉泥的量都可以酌量增加。

宝宝4～6个月大左右,胃肠道功能已经愈来愈成熟,能渐进地接受天然的食物。此时为宝宝添加辅食,主要希望能提供宝宝生长所需的均衡饮食。随着月龄增加,母乳或配方奶已经慢慢无法满足宝宝的生长需求,尤其是铁质、蛋白质,以及维生素等,必须借助添加辅食来补充不足的营养。

此外,辅食主要是天然食材,宝宝从喝液体的奶水,到进入半固体的蔬果泥,直到固态的食物的过程,可以训练宝宝的吞咽和咀嚼的能力。这种渐进式的添加辅食,其实也是在为断奶做准备。此处所提到的断奶,其实指的是断奶瓶,也就是逐渐从奶瓶转换成用杯子、汤匙、筷子来喂食。

1岁以下的宝宝每天几乎都是少量多餐,为了更完整地掌控其饮食量,建议父母不妨养成每天做饮食记录(次数、食量、时间、食物总类、特殊反应)的习惯,以便于判断或分析

预防过敏的原则

过敏的问题日益严重，为了预防宝宝发生过敏，特别是本身就是过敏体质的宝宝，最好等6个月以后，再开始添加辅食。

在辅食的选择上，由于米类的致敏性较低，先选择添加米粉会比麦粉来得安全。柑橘类的水果（例如：柳橙）也是属于致敏性较高的食物，最好等月龄大一点时再给宝宝吃。此外，海鲜类、蛋类的食物，则应该延后到9个月或1岁再喂。

食材挑选与烹调

挑选技巧
❶依不同月龄选择适合添加的食材。
❷尽量选择当季的新鲜食材。
❸避免选择有过多农药残留的食材。

烹调技巧
❶尽量采用水煮或清蒸的烹调方式。
❷烹调前必须先将双手洗净。
❸不要添加调味料，保持食材本身的原味。

宝宝的饮食状况。

小时候胖不是胖？

如果宝宝出现体重过重的情形，必须从饮食开始调整，将体重控制在正常范围内。千万不要有"小时候胖不是胖"的错误观念，导致无法适时控制体重，造成日后肥胖的问题。若家中有过胖宝宝，父母应该先从减少不必要的点心着手，在饮食种类的选择上，也应该是减少摄取高热量的食物，而不是减少均衡饮食（例如：米饭、牛奶、蔬菜水果、瘦肉）。

喂宝宝吃辅食时应该使用汤勺，为断奶做准备。

相反，如果宝宝有体重过轻的问题，父母应该渐进地增加饮食量。如果宝宝确实正常饮食，体重却还是没有相应增加，就必须立刻向医师咨询。

宝宝进食也讲气氛

宝宝在接触辅食以前，都只用吸吮的方式喝奶。所以当父母用汤匙喂食辅食，一开始宝宝会感到不习惯，可能会有些排斥，将食物往外吐，这是因为舌头及嘴巴的肌肉协调能力尚未发展完善。此时父母更应该继续耐心地喂食，以给宝宝练习吞咽和咀嚼的机会，让宝宝慢慢适应。

建议父母不妨在宝宝肚子饿的时候先喂辅食，以增强宝宝进食的意愿，千万不要先喂

为什么宝宝不吃奶？

宝宝4～6个月大左右，很容易出现短暂的厌奶现象，其表现就是经常吃吃停停，被周遭事物或声响打断喝奶。但即使喝奶量减少，活动力及生长发育也不会受到影响。这就是所谓的"生理性厌奶"。父母最好选择比较安静且不受干扰的环境喂奶，避免造成分心，趁着宝宝半睡半醒的时候喂奶也是不错的方式。

值得提醒的是，如果宝宝非常抗拒喝奶，父母千万不要强迫宝宝，否则可能会造成更不好的反效果。建议父母不妨借此时机喂食辅食，一方面可以帮助宝宝进入辅食阶段，另一方面也能补充厌奶所缺乏的营养。

如果宝宝发生厌奶现象，同时伴随有气色不好、睡不好、活动力变差等情形，就有可能是疾病的征兆，例如：代谢性疾病、咽喉炎、呼吸道感染或胃肠炎，这就属于"病理性厌奶"了。此时父母应该立刻带宝宝就医，确定病因后再做妥善的处理。

奶再喂辅食，否则宝宝进食的意愿会更低。

营造愉悦的进食环境，不但有助于提升宝宝的食欲，还能促进消化吸收，尤其随着宝宝的月龄不断增加，环境及情绪的影响力也就更明显。如果无法拥有愉快的进食过程，将会对宝宝形成压力，间接导致厌食或偏食的发生。

此外，宝宝在奶类主食以外第一次接触辅食时，其实并没有任何主观的好恶，此时父母必须特别注意自身的饮食习惯，千万不要因为自己的饮食偏好，在无形中养成宝宝的不良饮食习惯。有些大人本身就有偏食的习惯，很容易会根据自身的喜好去准备辅食的品种，这样一来，就可能造成宝宝较少接触某些食物，进而产生偏食问题。

辅食虽然是以一般食材为原料加工而成，是宝宝和大人吃相同食物的开始，但辅食的烹调原则应以讲求清淡、原味为重。所以大人在为宝宝烹调辅食时必须抛开自身的口味喜好，才不会添加过多的调味料，影响宝宝口味的偏好。

为了让宝宝在成长过程中稳健地向前迈进，父母应该从小把关，妥善规划宝宝第一年的饮食内容，通过营养的均衡摄取，为日后的健康扎根。

正确喂食米、麦粉

许多父母为了方便，会将米、麦粉连同奶粉一起冲泡，再喂宝宝吃，其实这是不正确的观念。因为如果把米、麦粉加在配方奶中，一方面无法让宝宝练习吞咽及咀嚼的功能，一方面也可能造成喝奶量减少，导致营养摄取不足。因此，父母应该学习正确添加米、麦粉的方式，先将其调成糊状，并在两餐之间以汤匙喂食。

辅食要怎么吃？
重视宝宝的反应与真实感受

宝宝长大了，不管是母乳或婴儿配方奶粉都不足以应付宝宝的口腹之欲，想要尝试新东西、吃新食物等都是宝宝正常的发展现象，但宝宝的胃肠道毕竟不同于大人，在食物的选择、烹饪与调理上需要特别费心。最重要的是培养孩子享受吃的感觉，也不要因为父母自己的喜好，剥夺宝宝尝试各类味道的机会。

为宝宝添加辅食，常是新手父母很重视的一个问题。有时，身边的人一直催促，当父母的却觉得宝宝还没有准备好！加上市场充斥着各种标榜丰富营养的"婴儿食品"，更加使父母不知所措。这里给您提供一个"黄金亲职原则"：观察小宝宝，看他是否已经准备好了接受辅食。根据许多婴幼儿专家的看法，想要"成功地添加辅食"，关键是在小宝宝的身上，其次才是父母与宝宝互动的态度。

判断吃辅食的时机

当您的小宝宝有以下的发展征兆时，就表示他已经准备好了。

1. 能靠自己的力量，稳坐如山。
2. "伸舌反射"动作消退，不再会将喂进嘴里的食物，依本能的反应用舌头顶出来。
3. 手臂与手能协调动作，能抓握食物，塞进嘴巴里。
4. 开始长第一颗牙。
5. 有丰富的唾液分泌。
6. 有移动自己身体的能力，喜欢探索周遭。
7. 目不转睛地看着大人进食，更想伸手拿来吃。

向宝宝介绍新食物

如果您的小宝宝出现了许多上述的行为表现，那就表示可以开始向小宝宝介绍新食物。在这里有几个介绍新食物时的准则，爸爸妈妈要记清楚：

1. **进食时间**

   介绍新食物，要选宝宝开心又不饿的时间。很像是来个小点心的感觉一样。要是宝宝太饱或太饿，都不容易好好品尝美味。所以，要注意进食时间的选择。

2. **地点选择**

   地点的选择也很重要。安静、干净又舒适的空间，最好有可以舒适进食的餐桌、坐椅及餐具。再来点轻柔的音乐也不错。

3. **食物种类**

   食物可以先从汁液开始，接下来是泥状与软块状，等到宝宝牙齿长出来后，才会逐渐适应成人所食用的食物硬度。关于给小宝宝的食物选择，从根茎类的蔬果开始比较好，如地瓜、马铃薯、胡萝卜等，蒸熟捣成泥状，也可以用苹果做成苹果泥。用新鲜的有机蔬果做成的辅食是最好的，尽量不要买罐装的婴儿速食。这样，宝宝吃得健康，爸爸妈妈也会很放心。

4. **食物记录表**

   最好为宝宝制作一个简单的进食记录。每样新食物试三天或一星期，确定没问题后，再加一样新的食物。尤其是家族中有食物过敏者，更应妥善记录，以避免引发宝宝的过敏之苦。

5. **准备辅食一点都不难**

   父母可以利用空闲的时候多做一些，用制冰器将辅食做成一小块一小块储存，这样就可以依宝宝的食量来加温食物。由于小宝宝的味觉非常敏感，大人不觉得咸的食物，对小宝宝来说，已经过咸了！所以，食物只要维持天然原味即可，不用再加盐或糖等调味料。

6. **宝宝反应**

   不要一开始便期待宝宝会表现出爱吃的反应，每个人对于新食物的反应不一，让宝宝有时间来感觉与消化，很重要！

让"吃"变成"享受"

如何与宝宝进行吃的亲密互动呢？父母不妨多留意小宝宝对于吃的反应，也留意自己在喂食宝宝时的心情反应。"民以食为天"。吃饭对宝宝更是非常重要的事情。吃饭时一定要有愉快的心情。保持放松的感觉与情绪，要细嚼慢咽才有时间来感觉与享受食物的味道。一定要培养宝宝享受吃饭的感觉，才能使宝宝与食物和吃产生好的关联。

刚开始喂食辅食的时候，一定要以宝宝的感受为主，如果宝宝不想吃，就鸣金收兵！千万不要勉强。少量多餐，让宝宝习惯食物。同时，父母也要鼓励宝宝自己进食，让宝宝养成自己吃的习惯。宝宝主动地获取他想吃的东西，才会喜欢和享受他/她的"战利品"。

父母可以在桌椅下垫张报纸或塑胶餐布,让宝宝可以尽情地享受食物,不用担心弄脏。当宝宝会用手抓食,吃得满嘴满脸,地上掉得满是食物的时候,父母大可放松心情,好好欣赏宝宝迷人的吃相。

Ch.2 宝宝0至7岁营养 MENU

一岁以内婴儿每天饮食建议表

月龄\项目	母乳喂养次数/天	婴儿配方食品喂养次数/天	冲泡婴儿配方食品量/天	水果类	蔬菜类	五谷类	蛋豆鱼肉肝类
				维生素A 维生素C 水分 纤维素	维生素A 维生素C 矿物质 纤维素	糖类 蛋白质 维生素B	蛋白质、脂肪 铁质、钙质 复合维生素B 维生素A
4个月 5个月 6个月	5	5	170~200毫升	果汁1~2茶匙	青菜汤1~2茶匙	麦糊或米糊3/4~1碗	
7个月 8个月 9个月	4	4	200~250毫升	果汁或果泥1~2茶匙	青菜汤或青菜泥1~2汤匙	稀饭、面条、面线1.25~2碗 吐司面包2.5~4片 馒头2/3~1个 米糊、麦糊2.5~4碗	蛋黄泥2~3个 豆腐1~1.5个四方块 豆浆1~1.5杯（240~360 ml） 鱼、肉、肝泥1~1.5两 鱼松、肉松0.5~0.6两
10个月 11个月 12个月	3 2 1	3 3 2	200~250毫升	果汁或果泥2~4茶匙	剁碎蔬菜2~4汤匙	稀饭、面条、面线2~3碗 干饭1~1.5碗 吐司面包4~6片 馒头1~1.5个 米糊、麦糊4~6碗	蒸全蛋1.5~2个 豆腐1.5~2个四方块 豆浆1.5~2杯（360~480ml） 鱼、肉、肝泥1~2两 鱼松、肉松0.6~0.8两

★ 备注：

1. 表内所列喂养母乳或婴儿配方食品次数，仅指完全以母乳或婴儿配方食品喂养者，若母乳不足加喂婴儿配方食品时，应适当安排喂养次数。
2. 各类食品中之分量为每日之总建议量，母亲可将所需分量分别由该类中其他种类食品供给。

轻松动手做营养又可口

辅食系列

宝宝从出生起，便开始一天天长大，所需要的营养也随着逐渐增加。

宝宝在4个月以前，主要以母乳或婴儿奶粉为能量及营养的来源；4个月以后，母乳或婴儿奶粉中的营养已渐渐不足，这时候就需要添加其他食物让宝宝摄取，一方面补足母乳中所缺乏的营养，另一方面则是渐渐为离乳阶段做准备。此时为宝宝所准备的食物，我们称为辅食，但在这个阶段，仍然不可以完全停止给予母乳或婴儿奶粉。

一般而言，从宝宝4个月大时就可以开始添加辅食了。刚开始添加辅食时，必须把握以下原则：

1.依照流质（汤汁）→中半流质（糊状）→半固体（泥状）→固体的程序，逐一改变，为宝宝制作合适的辅食。

2.制作辅食时，每次只尝试一种食物，且每种食物至少持续3~5天后再做更换，以免宝宝对食物产生混淆。

3.在制作辅食时必须注意手部及器具的清洁，以免造成污染，导致宝宝肠胃不适。

美味厨师
吕碧玲老师
学历：实践家专家政科毕业
　　　日本编织学院短期进修
曾任：羔羊出版社总编辑
现任：崴阳实业有限公司
　　　编织教室负责人
　　　烹饪作者（发表于长春月刊）
著作：《十分享瘦餐食谱》
　　　《这样吃蒟蒻》

营养厨师
钟政玲营养师
学历：中山医学院营养系
现任：马偕纪念医院营养师

teamwork　整理/唐雨

辅食系列

五谷类

轻 松 动 手 做 · 营 养 又 可 口

米、麦在大人的饮食世界中，属于主食。宝宝在母乳（或配方奶）之外的辅食的摄食，其实就是他们熟悉大人饮食的第一步，而米、麦粉是宝宝最佳的第一份辅食。

其中米粉属于单一谷类，较不易引起过敏，4个月时，即可开始添加；而麦粉可在宝宝6个月时，再开始喂食。

宝宝一开始添加米、麦粉时，可先使用0.5~1汤匙的量，添加到母乳或婴儿奶粉中给宝宝喝，之后可直接将米、麦粉调成糊状，以汤匙喂食。

妈妈提供给宝宝的食物其实可以做些变化。同样都是米、麦等五谷类，但变化却非常多。从4个月开始单一口味的米糊、麦糊，在宝宝慢慢习惯吞咽后，妈妈可以帮宝宝准备粥、面，并在里面加些鱼、肉，补充宝宝成长必需的营养素。

随着宝宝愈长愈大，颜色可爱的饭团、造型不错的三明治，或者口味丰富的比萨，都可以增加宝宝进食的兴趣。

一岁以上幼儿每日饮食指南

食物/年龄		1~3岁	4~6岁
奶（牛奶）		2杯	2杯
蛋		1个	1个
豆类（豆腐）		1/3块	1/2块
鱼		1/3两	1/2两
肉		1/3两	1/2两
五谷（米饭）		1~1.5碗	1.5~2碗
油脂		1汤匙	1.5汤匙
蔬菜	深绿色或深黄红色	1两	1.5两
	其他	1两	1.5两
水果		1/3~1个	1/2~1个

teamwork　　执行/吴佩儒　整理/唐雨　摄影/詹建华
食谱设计/马偕纪念医院钟政玲营养师　　示范制作/吕碧玲老师

鲫仔鱼粥（适合7~9个月宝宝）

材料
鲫仔鱼15克·稀饭120克（约半碗）

做法
❶先把鲫仔鱼洗净。
❷将鲫仔鱼与稀饭一起煮即可（不需添加调味料）。

小小叮咛，大大贴心
1.鲫仔鱼富含钙质且容易入口，是非常适合宝宝的食材，必须注意的是，鲫仔鱼买回后要用清水冲洗多余的盐分，以免口味太咸。
2.建议可加入菜泥一起煮，增加宝宝的纤维素摄取量。

★营养成分分析★

糖类(克)	蛋白质(克)	脂肪(克)	热量(大卡)
15	5.5	2.5	104.5

蔬菜面（适合7~9个月宝宝）

材料
胡萝卜面条20克·菠菜泥30克

做法
❶先把胡萝卜面条煮熟，再将其捣碎。
❷将菠菜泥加入面条中拌匀即可。

小小叮咛，大大贴心
1.选用不同的食材来制作辅食（如：面条），可增加宝宝进食的乐趣。
2.若宝宝适应状况良好，还可再加入蛋黄泥或其他肉泥一起烹煮。

★营养成分分析★

糖类(克)	蛋白质(克)	脂肪(克)	热量(大卡)
16.5	2.3	0	75

什锦通心面（适合10～12个月宝宝）

材料

通心面40克・肉馅30克・番茄糊2大匙
洋葱30克・洋菇20克・水适量
淀粉少许・绿花椰菜40克・沙拉油2小匙

做法

❶通心面煮熟后备用。

❷将洋葱切成碎末，洋菇切片。

❸起油锅，先将洋葱、洋菇炒香，再加入肉馅、番茄糊、水一同拌炒。

❹以淀粉水勾薄芡，再将酱汁淋在通心面上即可（装盘时可加上烫熟的绿花椰菜做装饰）。

小小叮咛，大大贴心

番茄中含有番茄红素，具有抗氧化的功能，再搭配鲜绿的花椰菜，相信会引起宝宝对食物的兴趣喔！

★ 营养成分分析 ★

糖类(克)	蛋白质(克)	脂肪(克)	热量(大卡)
35	12	15	323

宝贝0至2岁营养 MENU 全营养宝宝餐

米糊（适合4～6个月宝宝）

材料
市售米粉25克

做法
❶准备适量的米粉。
❷加入热水或蔬菜汤，与米粉调成糊状即可（建议也可以使用少量米粉，直接加入牛奶中给宝宝吃）。

雀巢精致婴儿米粉
（4~18个月宝宝专用）

小小叮咛，大大贴心
米粉和麦粉是非常适合宝宝的辅食，不过由于麦粉较容易让宝宝产生过敏反应，所以最好先由米粉开始添加。

★营养成分分析★

糖类(克)	蛋白质(克)	脂肪(克)	热量(大卡)
19	2.5	0	86

烤吐司（适合7～9个月宝宝）

材料
白吐司一片

做法
❶将白吐司放进烤箱中，烤至两面呈金黄色。
❷将烤过的吐司切成小块即可。

小小叮咛，大大贴心
烤吐司可以刺激牙床，有助于宝宝牙齿生长，非常适合正在长牙阶段的宝宝。

★营养成分分析★

糖类(克)	蛋白质(克)	脂肪(克)	热量(大卡)
15	2	0	70

19

桂圆糯米粥（适合10～12个月宝宝）

材料
桂圆干10克·圆糯米40克·葡萄干5克
花生粉1小匙·水200ml

做法
❶将桂圆干洗净，再加入圆糯米、水，放进电锅中蒸即可。
❷食用时再加入葡萄干及花生粉。

小小叮咛，大大贴心
1.花生富含维生素B族，葡萄干富含钾，两者对肌肉及神经的发展都具有重要作用。
2.桂圆干本身已有糖分，不需要再加糖。

★ 营养成分分析 ★

糖类(克)	蛋白质(克)	脂肪(克)	热量(大卡)
368	4.5	5.1	211.1

麦糊（适合4～6个月宝宝）

材料
市售麦粉25克

做法
❶准备适量的麦粉。
❷加入热水或蔬菜汤，与麦粉调成糊状即可（建议也可使用少量麦粉，直接加入牛奶中给宝宝吃）。

雀巢精致婴儿麦粉 综合谷类/苹果梨子/鲔鱼海苔胡萝卜……等麦粉(4-18个月宝宝专用)

★ 营养成分分析 ★

糖类(克)	蛋白质(克)	脂肪(克)	热量(大卡)
19	2.5	0	86

宝贝0至2岁营养 **MENU** 全营养宝宝餐

鸡丝粥（适合10～12个月宝宝）

小小叮咛，大大贴心
鸡肉中富含烟酸及维生素B族，除了具有抗压功能，对维持皮肤及消化系统功能也有不错的功效。

材料
鸡胸肉30克・稀饭半碗・玉米粒40克・红甜椒30克

做法
❶鸡胸肉蒸熟后剥成丝状。
❷将玉米粒、红甜椒及少许的盐加入稀饭中。
❸最后再加入鸡丝即可。

★ 营养成分分析 ★

糖类(克)	蛋白质(克)	脂肪(克)	热量(大卡)
33.5	11.7	5	225.8

沙拉面包（适合10~12个月宝宝）

材料
大亨堡1个·水渍鲔鱼35克
冷冻四色菜15克·沙拉酱2中匙·生莴苣叶1片

做法
❶冷冻四色菜略烫熟后，加入鲔鱼、沙拉酱一起拌匀。
❷先将生莴苣叶铺在大亨堡中，再加入拌匀的鲔鱼沙拉即可。

小小叮咛，大大贴心
鲔鱼含有丰富的DHA，对于宝宝脑部发育有很大的帮助。

★营养成分分析★

糖类(克)	蛋白质(克)	脂肪(克)	热量(大卡)
40	14	19	387

宝贝0至2岁营养 MENU ○○
全营养宝宝餐

三明治（适合10～12个月宝宝）

材料
全麦吐司1片・小黄瓜20克・大番茄20克・水煮蛋1/2个
沙拉酱1小匙

做法
❶全麦吐司先切边，再对半切成三角形。
❷小黄瓜及大番茄洗净后切成薄片备用。
❸水煮蛋切片备用。
❹将沙拉酱抹在全麦吐司上，依次加入小黄瓜、大番茄、水煮蛋即可。

> **小小叮咛，大大贴心**
> 全麦吐司所含的叶酸及可溶性纤维素较白吐司多，有助于维持神经、肌肉系统的正常功能。

★营养成分分析★

糖类(克)	蛋白质(克)	脂肪(克)	热量(大卡)
17	6	7.5	160

煎萝卜糕（适合13～15个月宝宝）

材料
市售萝卜糕140克・沙拉油1匙

做法
❶将市售萝卜糕切成小片。
❷将萝卜糕煎到两面呈金黄色即可。

> **小小叮咛，大大贴心**
> 煎萝卜糕时可使用不粘锅，除了不会用到太多油之外，也比较不容易粘锅。

★营养成分分析★

糖类(克)	蛋白质(克)	脂肪(克)	热量(大卡)
30	4	5	181

鳕鱼粥（适合13～15个月宝宝）

材料
鳕鱼50克·稀饭1/2碗·芹菜10克
胡萝卜20克·干香菇1朵

做法
❶鳕鱼洗净蒸熟后压碎，芹菜切细末状，胡萝卜、干香菇切丝。
❷将稀饭加热，放进鳕鱼、胡萝卜及香菇煮熟，再加少许盐调味。
❸食用时趁热加入芹菜末即可。

小小叮咛，大大贴心
1. 鳕鱼质地细软，宝宝较容易消化。
2. 鳕鱼的鱼刺较少，处理起来不但方便，宝宝吃的时候也不必担心被鱼刺鲠到。

★ 营养成分分析 ★

糖类(克)	蛋白质(克)	脂肪(克)	热量(大卡)
16.5	18	16	282

焗烤通心粉（适合13～15个月宝宝）

材料
鲜奶100ml・面粉30克・通心粉40克・大白菜50克
芝士丝20克・奶油10克

做法
❶先将通心粉煮熟后备用，大白菜洗净切成小块。
❷大白菜以奶油炒熟后，依次加入面粉、鲜奶炒成糊状，最后再加入通心粉拌炒均匀。
❸将拌好的通心粉盛入瓷盘中洒上芝士丝，放进烤箱烤约10～15分钟即可。

小小叮咛，大大贴心
对于不喜欢吃蔬菜的宝宝来说，可趁机加入让宝宝吃，也可加入鲔鱼或鲑鱼等容易入口的鱼肉，增加不同的变化。

★营养成分分析★

糖类(克)	蛋白质(克)	脂肪(克)	热量(大卡)
61.6	14.3	14.2	431

鲑鱼炒饭（适合13～15个月宝宝）

材料
红鲑鱼35克・白饭1/2碗
青豆仁5克・沙拉油1匙

做法
❶鲑鱼蒸熟后压碎。
❷将压碎的鲑鱼略炒后，加入白饭及青豆仁拌炒即可。

小小叮咛，大大贴心
1.鲑鱼含有丰富的DHA，对孩童脑部发育的帮助很大。
2.利用炒饭的方式，将孩子不喜欢吃的蔬菜切碎加进来一起炒，可以让孩子多摄取蔬菜并增加吃东西的乐趣。

★营养成分分析★

糖类(克)	蛋白质(克)	脂肪(克)	热量(大卡)
30	11	10	264

馄饨汤（适合13～15个月宝宝）

材料
猪肉馅50克·馄饨皮7张·鸡蛋1/2个·紫菜丝少许

做法
❶鸡蛋打散，煎成蛋皮，切成细丝备用。
❷猪肉馅略搅打后，包入馄饨皮中。
❸将包好的馄饨煮熟，加入蛋皮丝及紫菜丝，略为调味即可。

小小叮咛，大大贴心
1.市售的馄饨内馅通常会加较多调味料，若自己制作的话，由于汤中会加些调味，内馅就不用再加调味料。
2.馄饨皮7张相当于半碗稀饭的量（也就是1份主食），因此，一碗馄饨汤可以替换成一餐来吃，不过别忘记加些蔬菜喔。

★营养成分分析★

糖类(克)	蛋白质(克)	脂肪(克)	热量(大卡)
15	16	10	214

猪肝粥（适合16～18个月宝宝）

材料
猪肝40克·稀饭250克·菠菜30克·姜丝少许

做法
❶将猪肝洗干净，切成小片。
❷菠菜切成小段。
❸先将猪肝用姜丝略炒过，加进稀饭中煮熟，最后再加入菠菜煮软。
❹加上少许的盐及香油调味即可。

小小叮咛，大大贴心
猪肝及菠菜中均含有丰富的铁质，是相当不错的食物。

★营养成分分析★

糖类(克)	蛋白质(克)	脂肪(克)	热量(大卡)
31.5	11.3	12	279

宝贝0至2岁营养 MENU 08
全营养宝宝餐

蛋包饭（适合16～18个月宝宝）

材料
白饭150克·青江菜50克·火腿丁30克
鸡蛋1颗·番茄酱1大匙

做法
❶将青江菜烫熟后挤干水分，切碎备用。
❷起油锅，将火腿丁、白饭炒松，再加入切碎的青江菜炒匀后盛起备用。
❸鸡蛋打散后煎成蛋皮，将炒好的饭放在蛋皮上，再把蛋皮对折即可起锅。
❹将番茄酱淋在蛋包饭上即可。

小小叮咛，大大贴心
1.多尝试制作不同类型的炒饭，可引起孩子吃饭的兴趣。
2.蛋皮必须煎至全熟，以避免出现细菌污染的问题。

★ 营养成分分析 ★

糖类(克)	蛋白质(克)	脂肪(克)	热量(大卡)
54.5	20.5	10	390

27

茄汁炒饭（适合16～18个月宝宝）

材 料
白饭150克·鸡蛋1颗·冷冻三色蔬菜30克
猪肉馅15克·番茄酱1大匙

做 法
❶起油锅，将鸡蛋及冷冻蔬菜略炒。
❷依次加入猪肉馅及白饭拌炒。
❸起锅前再加入1大匙番茄酱拌匀即可。

小小叮咛，大大贴心
1. 以番茄酱炒过的饭会呈现红红的颜色，建议在用餐时可搭配绿花椰菜等颜色丰富的蔬菜，对于促进食欲有很好的效果。
2. 番茄酱本身已经含有盐分，不需要再加盐调味。

★营养成分分析★

糖类(克)	蛋白质(克)	脂肪(克)	热量(大卡)
46.5	16.8	20.5	437.7

丝瓜面线（适合16~18个月宝宝）

材料
丝瓜60克・鲫仔鱼15克・面线40克・姜丝少许

做法
❶丝瓜去皮切成薄片。
❷先将丝瓜以姜丝炒过，再加入煮好的面线中。
❸最后加入鲫仔鱼煮熟即可。

小小叮咛，大大贴心
1. 鲫仔鱼质地较软、容易入口且钙质含量丰富，很适合活动量愈来愈多的幼儿。
2. 依季节的不同，可用其他蔬菜来取代丝瓜。

★营养成分分析★

糖类(克)	蛋白质(克)	脂肪(克)	热量(大卡)
33	8.1	7.5	232

豆签面（适合19~21个月宝宝）

材料
豆签1包・肉丝15克・笋丝15克・蛤蛎20克
鱼板1片・胡萝卜20克・干香菇1朵・油1匙

做法
❶胡萝卜切丝，干香菇泡软切丝（泡香菇的水先留着）。
❷锅中加入一匙油，先将香菇丝、胡萝卜丝及笋丝炒香，再加入肉丝略炒，最后加进大约两碗的水煮沸（可用之前的香菇水）。
❸水滚后，加入豆签、鱼板、蛤蛎，再加盐调味即可。

小小叮咛，大大贴心
1. 市面上的豆签有些是用绿豆制成，有些是用毛豆或米豆制成，其口感较Q且久煮不烂，与面条、面线的口感也不太一样。
2. 豆签属主食类，20克的豆签相当于二分之一碗稀饭。

★营养成分分析★

糖类(克)	蛋白质(克)	脂肪(克)	热量(大卡)
40	12.5	10	300

双色饭团（适合19~21个月宝宝）

材料
饭200克·番茄酱1茶匙·渍鲔鱼20克·菠菜20克
鸡蛋1颗·海苔片2片

做 法
❶制作茄汁饭团：将番茄酱及渍鲔鱼（压碎）拌入白饭中，做成圆形的饭团，再铺上海苔片即可。
❷制作菠菜饭团：菠菜烫熟后挤干水分并切碎，鸡蛋煮30分钟后（煮熟），取半个切碎。将菠菜、白煮蛋与白饭混合，做成圆形的饭团，再铺上海苔片即可。

小小叮咛，大大贴心
1.饭团可用模型压成各种形状，再加上鱼类及蔬菜的组合，既讨喜且营养均衡。
2.最好选择水渍鲔鱼罐头，其油脂较少，如果买不到也可使用一般的鲔鱼罐头，不过要将过多油脂沥掉后再使用。

★营养成分分析★

糖类(克)	蛋白质(克)	脂肪(克)	热量(大卡)
60	18.5	12.5	426.5

宝贝0至2岁营养 MENU 全营养宝宝餐

卷寿司（适合22～24个月宝宝）

材料
白饭250克·小黄瓜1条·火腿片1片·肉松15克
鸡蛋1个·海苔片1张·醋饭调料（寿司醋1匙·糖1匙）

做法
❶制作醋饭调料，将寿司醋与糖混匀。
❷将醋饭调料加入刚煮好的白饭中拌匀。
❸鸡蛋煎成蛋皮，小黄瓜洗净切成长条，火腿片对切备用。
❹将醋饭平铺在海苔片上，依次放上蛋皮、火腿片、肉松、小黄瓜条，最后再卷起即可（食用前可切成小段）。

> **小小叮咛，大大贴心**
> 使用鸡蛋为孩子制作餐点时，一定要料理至全熟，以减少细菌污染。

★营养成分分析★

糖类(克)	蛋白质(克)	脂肪(克)	热量(大卡)
85	25	10	530

南瓜米粉（适合22～24个月宝宝）

材料
米粉50克·南瓜60克·肉丝15克
虾米少许·干香菇1朵·油1匙

做法
❶米粉先泡水软化备用。
❷南瓜刨丝，干香菇泡软后切丝，虾米泡水备用。
❸起油锅，先将香菇、虾米炒香，再加入肉丝、南瓜一起炒熟。
❹加水至锅中盖过炒料，再放入米粉略炒拌匀，最后加少许盐调味即可。

> **小小叮咛，大大贴心**
> 1.米粉在下锅前可先切断，以方便孩子食用。
> 2.以南瓜代替胡萝卜作为食材，一样含有丰富的胡萝卜素，味道更香甜。

★营养成分分析★

糖类(克)	蛋白质(克)	脂肪(克)	热量(大卡)
49	9.7	7.5	302

鲔鱼比萨 （适合22～24个月宝宝）

材料
吐司1片・鲔鱼罐头20克・番茄酱1大匙・番茄40克
洋葱10克・冷冻青豆仁5克・玉米粒罐头10克・芝士1/2片

做法
❶番茄、洋葱洗净切片。
❷吐司先抹上番茄酱，再将鲔鱼、番茄、洋葱、青豆仁、玉米粒及芝士铺在上面。
❸烤箱预热190℃，烤约5~10分钟即可。

小小叮咛，大大贴心
1. 番茄含有丰富的类胡萝卜素，加热后吸收效果更佳。
2. 自制比萨可随意加入孩子喜欢的食材，增加孩子进食的乐趣。

★ 营养成分分析 ★

糖类(克)	蛋白质(克)	脂肪(克)	热量(大卡)
18	10	7.5	180

宝贝0至2岁营养 MENU 全营养宝宝餐

辅食系列

鱼肉蛋肝类

轻松动手做·营养又可口

宝宝在7个月大后，就可以开始尝试肉类的辅食，但还是从泥状食物开始。这类食物含有蛋白质、脂肪、铁质、钙、维生素B族、维生素A，都是宝宝骨骼、脑部发育、成长所必需的营养素。

1岁以上的宝宝一天需要的肉、鱼约1两，妈妈在帮宝宝准备食物时，适当添加在其他食物中，即可照顾到宝宝的营养需求。

由于宝宝牙齿尚未生长完全，在准备餐点时应注意食材的软硬问题，以方便宝宝咀嚼及吸收。选择有骨头或有刺的食材也必须特别小心处理，才不会造成宝宝被噎到或鲠到的意外。

teamwork　执行/吴佩儒　整理/唐雨　摄影/詹建华
食谱设计/马偕纪念医院钟政玲营养师　示范制作/吕碧玲老师

猪肝泥（适合7～9个月宝宝）

材料
猪肝100克

做法
❶猪肝洗净后剁碎成泥状。
❷将剁碎的猪肝泥以电锅蒸熟即可。

> 小小叮咛，大大贴心
> 肝脏类含有丰富的铁质，此时开始添加在辅食中，可以补充宝宝所需的铁质。

★营养成分分析★

糖类(克)	蛋白质(克)	脂肪(克)	热量(大卡)
0	7	3	40

肉泥（适合7～9个月宝宝）

材料
里脊肉30克

做法
❶用不锈钢汤匙将里脊肉刮成泥。
❷将肉泥蒸熟即可。

> 小小叮咛，大大贴心
> 1.肉类富含蛋白质及必需氨基酸，可提供宝宝所需的营养。
> 2.除了猪肉之外，家长也可以用鸡肉来替换，增加变化性。

★营养成分分析★

糖类(克)	蛋白质(克)	脂肪(克)	热量(大卡)
0	7	3	55

宝贝0至2岁营养 MENU
全营养宝宝餐

鱼松（适合7~9个月宝宝）

材料
旗鱼1/4尾·沙拉油1汤匙

做法
❶将旗鱼洗净，先蒸熟或煮熟之后，挑出鱼刺并将鱼肉压碎。
❷将压碎的鱼肉放入锅中，炒至金黄色即可。

小小叮咛，大大贴心
1.市售的鱼松或肉松，都添加了酱油、糖、味精、盐等调味料，自制鱼松可避免这些调味料，热量也比较低。
2.建议在炒鱼松时，要用小火慢慢翻炒，以免鱼肉炒焦。

★营养成分分析★

糖类(克)	蛋白质(克)	脂肪(克)	热量(大卡)
0	7	18	190

蛋黄泥（适合7~9个月宝宝）

材料
生鸡蛋1颗

做法
❶将鸡蛋放入水中煮熟。
❷取出蛋黄，再加温开水调匀即可。

小小叮咛，大大贴心
蛋黄富含铁质，营养丰富，是宝宝理想的食物。建议父母在喂食的时候，可先从八分之一个开始，确认宝宝没有出现皮肤或肠胃等不良反应后，再逐渐增加分量（四分之一个——二分之一个——一个）。

★营养成分分析★

糖类(克)	蛋白质(克)	脂肪(克)	热量(大卡)
0	7	5	75

狮子头（适合10~12个月宝宝）

材料

老豆腐100克·肉馅150克·荸荠30克·虾米5克
大白菜60克·沙拉油2匙·干香菇3朵·淀粉15克
水适量

小小叮咛，大大贴心
家长在拌肉馅时，可利用反复摔打的方式增加肉质弹性，让口感变得更好。

做法

❶先将老豆腐、荸荠压碎，再加入肉馅、少许淀粉、盐、酱油、胡椒粉和匀。
❷将肉团挤成肉丸状，放入油锅中略炸备用。
❸将虾米泡软、干香菇泡软后切丝。
❹起油锅，先将香菇及虾米爆香，再加入大白菜、水、少许调味料，待材料煮熟后，以水淀粉勾芡。
❺将芡汁淋到炸好的肉丸上即可。

★营养成分分析★

糖类(克)	蛋白质(克)	脂肪(克)	热量(大卡)
5.4	7.3	7.5	118.3

香菇蒸蛋（适合10~12个月宝宝）

材料
鸡蛋1个・干香菇2朵・水200ml

做法
❶干香菇泡水后切成细丝。
❷鸡蛋打散，加入水、香菇丝，适量调味。
❸放入电锅中蒸约15~20分钟即可。

小小叮咛，大大贴心
1. 干香菇中含有矿物质——硒，具有抗氧化及活化免疫系统的功能。
2. 鸡蛋属于高生物价值的蛋白质之一，10个月大以后的宝宝可开始尝试吃全蛋，补充生长发育所需的营养素。

★ 营养成分分析 ★

糖类(克)	蛋白质(克)	脂肪(克)	热量(大卡)
0	7	5	75

奶油鲑鱼卷（适合10~12个月宝宝）

材料
鲑鱼60克・芦笋35克・奶油10克・牙签少许

做法
❶将鲑鱼切片，裹上芦笋段，再以牙签固定好。
❷将奶油放到鲑鱼卷上，放入烤箱中烤10~15分钟，等鲑鱼肉熟透即可。

小小叮咛，大大贴心
1. 鲑鱼属于深海鱼类，富含DHA及不饱和脂肪酸，有助于宝宝的脑部发育。
2. 芦笋富含叶酸，对宝宝的神经系统发展相当重要。

★ 营养成分分析 ★

糖类(克)	蛋白质(克)	脂肪(克)	热量(大卡)
2	14.4	20	245.6

香菇肉丸汤（适合13～15个月宝宝）

材料
猪肉馅60克・干香菇3朵・淀粉20克・香菜少许

做法
❶肉馅加上淀粉搅打后，做成球状放入开水中煮。
❷干香菇泡软后切成丝，放入锅中一起煮熟。
❸加入少许调味料，撒上香菜即可。

小小叮咛，大大贴心
1. 煮过的肉丸质地软嫩，容易吞咽，适合全家人一起吃，但切记给宝宝吃的要少加一些调味料。
2. 对上班族妈咪来说，可利用假日一次将肉丸多做一些，煮好后再将每次食用的量分装好，放入冰箱冷冻室中存放，可减少平时烹调的时间。

★营养成分分析★

糖类(克)	蛋白质(克)	脂肪(克)	热量(大卡)
16	16	10	218

麻酱鸡丝（适合16～18个月宝宝）

材料
去骨鸡胸肉35克・小黄瓜10克・胡萝卜10克
芝麻酱1中匙・开水少许

做法
❶去骨鸡胸肉烫熟后剥成细丝。
❷小黄瓜与胡萝卜切成细丝。
❸芝麻酱加少许水调匀，再加入少许盐调味。
❹将小黄瓜丝与胡萝卜丝铺在鸡丝上，淋上调好的芝麻酱即可。

小小叮咛，大大贴心
芝麻富含维生素E，对于改善皮肤干燥以及抗氧化有很好的功效。

★营养成分分析★

糖类(克)	蛋白质(克)	脂肪(克)	热量(大卡)
1	7.2	10	123

猪肉串烧（适合16～18个月宝宝）

材料

猪肉薄片35克·青椒20克·红椒20克·葱段10克
罐头凤梨片20克·竹签4支·烤肉酱1大匙·开水1大匙

做法

❶将青椒、红椒切成小片。
❷依次将猪肉薄片、青椒片、红椒片、凤梨片、葱段穿至竹签上。
❸烤肉酱加入开水稀释（1∶1），再将稀释后的烤肉酱刷在肉串上。
❹将刷上烤肉酱的肉串放入烤箱，烤约15~20分钟即可。

小小叮咛，大大贴心

烤肉酱所含的盐分较多，为避免让孩子吃进过多盐分，加水稀释是有必要的，而稀释过的烤肉酱仍可让烤肉串保有香气。

★ 营养成分分析 ★

糖类(克)	蛋白质(克)	脂肪(克)	热量(大卡)
8	7.6	8	134.4

罗宋汤（适合16~18个月宝宝）

材料

大番茄100克・洋葱50克・胡萝卜30克
马铃薯90克・牛肉馅40克・奶油10克

做法

❶将大番茄、洋葱、胡萝卜、马铃薯切成丝。
❷将牛肉馅以奶油炒熟后，加入❶和水一起煮熟即可。

小小叮咛，大大贴心

牛肉属于红肉的一种，铁质含量丰富，是相当不错的摄取来源。

★营养成分分析★

糖类(克)	蛋白质(克)	脂肪(克)	热量(大卡)
24	11	15	275

宝贝0至2岁营养 **MENU**

黄瓜镶肉（适合16～18个月宝宝）

材料
大黄瓜1条・猪肉馅90克・老豆腐1/2块
虾仁20克・淀粉1小匙

做法
❶大黄瓜洗净，去皮后切成5～6段并将中心挖空。
❷猪肉馅、老豆腐、淀粉和匀后，加入少许盐、胡椒粉调味。
❸将和好的肉馅分别塞入大黄瓜中，再放上虾仁，用电锅蒸熟即可。

> **小小叮咛，大大贴心**
> 豆腐富含植物性优质蛋白质，与肉类蛋白质一样好，且脂肪含量也比较少。

★营养成分分析★

糖类(克)	蛋白质(克)	脂肪(克)	热量(大卡)
22.5	27.5	17.5	358

香菇肉燥（适合19～21个月宝宝）

材料
猪肉馅150克・干香菇2朵・油葱酥40克・酱油3大匙
糖1大匙・水2大匙・油1大匙

做法
❶干香菇泡软后切丝。
❷起油锅，先将香菇丝爆香，加入猪肉馅炒熟，再依次放进油葱酥、酱油、糖、水，以小火继续煮约30分钟即可。

> **小小叮咛，大大贴心**
> 每次烹调时可煮比较多的量，再分成小包以冷冻保存，让小朋友拌面或配饭都很适合。

★营养成分分析★

糖类(克)	蛋白质(克)	脂肪(克)	热量(大卡)
15	35	45	605

福袋（适合19～21个月宝宝）

材料
豆皮寿司皮（市售）2个·鸡肉馅40克
胡萝卜20克·干香菇2朵·虾米少许·干葫芦条1条

做法
❶干香菇、虾米泡水软化后切碎。
❷胡萝卜切碎备用。
❸将鸡肉馅、胡萝卜、干香菇及虾米拌匀后填入豆皮中，再用干葫芦条绑紧，放入电锅中蒸约10分钟即可。

小小叮咛，大大贴心
1. 福袋除了蒸之外，也可加上酱油、水，以卤的方式来料理。
2. 妈妈如果不太会制作寿司，可购买这种现成的豆皮寿司皮，再直接将饭塞入，就成为寿司啦！

★营养成分分析★

糖类(克)	蛋白质(克)	脂肪(克)	热量(大卡)
1.5	15.3	10.5	161.7

腐皮肉卷（适合19~21个月宝宝）

材料
腐皮1张・猪肉馅80克・芹菜15克・胡萝卜15克
淀粉1/2茶匙・酱油1/2茶匙・胡椒粉少许

做法
❶芹菜去叶、胡萝卜洗净去皮，切碎备用。
❷猪肉馅加入酱油、胡椒粉后拌匀，再加入碎芹菜、碎胡萝卜、淀粉，将所有材料拌匀。
❸一张腐皮切成4份，将肉馅包入腐皮中再卷起，最后以面糊粘好开口处。
❹起油锅，将腐皮卷放入锅中煎（炸）至金黄色即可。

小小叮咛，大大贴心
煎（炸）好的腐皮肉卷可切成小片，以方便小宝宝食用。

★营养成分分析★

糖类(克)	蛋白质(克)	脂肪(克)	热量(大卡)
12	9	10	174

小鱼蛋卷（适合22~24个月宝宝）

材料
鲫仔鱼25克・鸡蛋1个・油1匙

做法
❶鲫仔鱼洗净后，以滚水略烫过备用。
❷锅中加入1匙油，将鸡蛋打散煎成蛋皮。
❸将鲫仔鱼包入蛋皮中，切成小段即可。

小小叮咛，大大贴心
鲫仔鱼的含钙量很丰富，对孩子骨骼的生长及发育都有帮助。

★营养成分分析★

糖类(克)	蛋白质(克)	脂肪(克)	热量(大卡)
0	12.6	12.4	162

芋头蒸肉（适合22~24个月宝宝）

材料
里脊肉100克·芋头120克·蒸肉粉15克
酱油适量·糖2匙

做法
❶先将里脊肉切丁，加入酱油、糖略腌20~30分钟。
❷芋头洗净切丁。
❸将芋头、腌好的里脊肉、蒸肉粉一起放进碗中，蒸约30~40分钟即可。

小小叮咛，大大贴心
芋头含有丰富的纤维素，对促进肠道蠕动有很大的帮助。

★营养成分分析★

糖类(克)	蛋白质(克)	脂肪(克)	热量(大卡)
37.5	24	25	471

菠萝鸡片（适合22~24个月宝宝）

材料
凤梨片罐头60克·去骨鸡胸肉80克·小黄瓜20克
红甜椒20克·油1匙·淀粉1匙

做法
❶鸡胸肉切片用淀粉略抓过，小黄瓜及红甜椒洗净切片，凤梨片切成小片。
❷将小黄瓜及红甜椒汆烫后备用。
❸起油锅，先将鸡胸肉炒至8分熟，再加入小黄瓜、红甜椒、凤梨片拌炒至熟即可。

小小叮咛，大大贴心
运用凤梨片入菜，不但可使肉的口感更嫩，其特殊香味也有刺激食欲的效果。

★营养成分分析★

糖类(克)	蛋白质(克)	脂肪(克)	热量(大卡)
20	15	10	230

宝贝0至2岁营养 MENU 08

全营养宝宝餐

山药排骨汤（适合22～24个月宝宝）

材料
山药70克·排骨50克

做法
❶山药洗净后去皮，切成小块状；排骨洗净后以滚开水氽烫去除血水。
❷将山药、排骨及适量水放入锅中，煮约15～20分钟或放入电锅中煮熟即可。

小小叮咛，大大贴心
1. 山药含有丰富的黏多糖类，对于促进消化颇有助益。
2. 山药富含淀粉，在六大类的食物分类上属于淀粉类，也可当成主食。

★ 营养成分分析 ★

糖类(克)	蛋白质(克)	脂肪(克)	热量(大卡)
15	9	5	141

45

鱼片汤（适合22～24个月宝宝）

材料
冷冻鲷鱼80克·嫩姜少许·芹菜少许

做法
❶将鲷鱼片切成薄片、嫩姜切丝、芹菜切成细末备用。
❷锅中加水煮滚，放入鱼片后立即关火，再加进姜丝、芹菜末并略微调味即可。

小小叮咛，大大贴心
1. 鱼类所含的DHA比家畜、家禽类来得丰富，不妨多选择各式鱼类让孩子摄取。
2. 鲷鱼的鱼刺虽然比较少，但让孩子食用时仍须注意。
3. 鲷鱼片切成薄片时容易熟透，因此不需要煮太久，以免肉质变涩。

★营养成分分析★

糖类(克)	蛋白质(克)	脂肪(克)	热量(大卡)
0	15	10	150

辅食系列

蔬菜类

宝贝0至2岁营养 MENU

全营养宝宝餐

轻 松 动 手 做 · 营 养 又 可 口

蔬菜富含维生素A、C，以及矿物质和纤维素，对宝宝的成长是非常重要的。因此在为宝宝制作辅食时，妈妈们要多用心，从小就让蔬菜成为宝宝饮食中不可或缺的主角，帮宝宝养成不偏食的习惯，对于长大后均衡饮食习惯的养成，是很重要的。

刚开始，各种菜汤的制作方法都大同小异。首先要选择新鲜的绿叶蔬菜，将蔬菜去茎并切成小段或小丁，放入沸水中煮3~4分钟，最后再滤掉菜渣即可。

随着宝宝进食能力的增加，妈妈准备的辅食也要多一点变化。选取季节性蔬菜，以多种烹调方式，让宝宝品尝到最鲜美的食材。同样是马铃薯，就不再只是单纯磨成泥，可做成薯饼、烤马铃薯等，形状不同，口感也更加不同，使宝宝品尝多种美味。

等宝宝1岁多的时候，其实和大人吃的差不了多少，选择容易吞咽的食物，像豆腐、山药，谁说小孩子不能碰？豆腐羹、开阳白菜一上桌，宝宝一样可以大快朵颐。

teamwork　　执行/吴佩儒　整理/唐雨　摄影/詹建华
　　　　　　食谱设计/马偕纪念医院钟政玲营养师　示范制作/吕碧玲老师

苋菜泥（适合4~6个月宝宝）

材料
苋菜25克

做法
❶先将苋菜洗净，保留叶子的部分。
❷将苋菜叶放进开水中煮软。
❸使用磨泥器，将煮软的苋菜叶磨成泥状。

小小叮咛，大大贴心
蔬菜中含有丰富的纤维素，非常适合刚开始添加辅食的宝宝。各种叶菜类都可以采取同样的方法来制作，如青江菜、小白菜等。

★营养成分分析★

糖类(克)	蛋白质(克)	脂肪(克)	热量(大卡)
3	0.6	0	14

豌豆泥（适合4~6个月宝宝）

材料
豌豆 30克

做法
❶先将豌豆放入沸水中烫熟。
❷将烫熟的豌豆压成泥即可。

小小叮咛，大大贴心
1.豌豆含有丰富的纤维素、钾、类胡萝卜素，而钾是维持细胞正常发展的主要元素之一，对宝宝健康有很大的帮助。
2.豌豆泥除了能直接喂食外，也可加在稀饭中喂宝宝吃。

★营养成分分析★

糖类(克)	蛋白质(克)	脂肪(克)	热量(大卡)
3.8	0.5	0	17

宝贝0至2岁营养 MENU

南瓜泥（适合4～6个月宝宝）

材料
南瓜100克

做法
❶南瓜去籽。
❷将南瓜切块，放入蒸锅或电锅中蒸熟。
❸将蒸熟的南瓜块压成泥即可。

小小叮咛，大大贴心
1. 南瓜含有丰富的类胡萝卜素及维生素B族，对宝宝的发育相当有帮助。
2. 若摄取较多的南瓜，宝宝皮肤会变成有点黄黄的，这是正常现象，并不需要担心。
3. 由于南瓜的皮很厚，较不易去除，建议可先将南瓜连皮蒸熟之后，再以汤匙挖取南瓜肉来制作。

★营养成分分析★

糖类(克)	蛋白质(克)	脂肪(克)	热量(大卡)
15	2	0	70

马铃薯泥（适合4～6个月宝宝）

材料
马铃薯90克

做法
❶先将马铃薯去皮，放入电锅或蒸笼中蒸熟。
❷将蒸熟的马铃薯切块，再压成泥状即可。

小小叮咛，大大贴心
马铃薯含有丰富的维生素B$_6$，对增强宝宝免疫功能很有帮助。

★营养成分分析★

糖类(克)	蛋白质(克)	脂肪(克)	热量(大卡)
15	2	0	70

红薯泥（适合7~9个月宝宝）

材料
红薯100克

做法
❶红薯洗净后去皮。
❷将红薯放入蒸锅中蒸熟后，再用汤匙压成泥即可。

小小叮咛，大大贴心
红薯富含纤维素及维生素B族，可帮助宝宝摄取到均衡的营养。

★营养成分分析★

糖类(克)	蛋白质(克)	脂肪(克)	热量(大卡)
15	2	0	70

红薯叶泥（适合7~9个月宝宝）

材料
红薯叶50克

做法
❶红薯叶洗净去梗，留下叶子部分。
❷将红薯叶蒸熟或煮熟后磨成泥，再加水煮开即可。

小小叮咛，大大贴心
深绿色蔬菜中含有丰富的叶酸，有助于宝宝脑神经的发育。宝宝9个月大后，也可直接喂食嫩叶部分。

★营养成分分析★

糖类(克)	蛋白质(克)	脂肪(克)	热量(大卡)
2.5	0.5	0	12

胡萝卜泥（适合7~9个月宝宝）

材料
胡萝卜50克

做法
❶ 胡萝卜洗净后去皮，再磨成泥状。
❷ 将胡萝卜泥加水煮开即可。

小小叮咛，大大贴心
胡萝卜是含类胡萝卜素最丰富的一种蔬菜，可帮助宝宝的视力发展。

★ 营养成分分析 ★

糖类(克)	蛋白质(克)	脂肪(克)	热量(大卡)
2.5	0.5	0	12

番茄泥（适合7~9个月宝宝）

材料
番茄50克

做法
❶ 番茄洗净后切去蒂头。
❷ 将番茄切成小丁，再磨成泥即可。

小小叮咛，大大贴心
番茄中含有丰富的番茄红素，磨成泥后可直接喂食，也可加在稀饭中煮来吃。

★ 营养成分分析 ★

糖类(克)	蛋白质(克)	脂肪(克)	热量(大卡)
5	1	0	25

海带芽豆腐羹 (适合10~12个月宝宝)

材 料
豆腐40克・海带芽3克・胡萝卜20克・淀粉15克
水适量・白芝麻少许

做 法
1. 将豆腐切小丁加入开水中。
2. 胡萝卜先切成细末，再和海带芽一同加入。
3. 材料煮熟后，加入少许的盐。
4. 以水淀粉水勾芡，最后撒上白芝麻即可。

小小叮咛，大大贴心

豆腐、海带芽、芝麻的含钙量都很丰富，可帮助宝宝的骨骼发展，减少出现骨质疏松的现象。

★ 营养成分分析 ★

糖类(克)	蛋白质(克)	脂肪(克)	热量(大卡)
16.5	3.8	2.5	103.7

宝贝0至2岁营养 MENU 全营养宝宝餐

番茄豆腐（适合13～15个月宝宝）

材料
红番茄1个・盒装豆腐1/2盒・油1匙

做法
❶番茄洗净切丁，豆腐切丁备用。
❷起油锅，先将番茄炒熟，再加入豆腐拌炒即可。

小小叮咛，大大贴心
1. 番茄中的番茄红素及类胡萝卜素都属于脂溶性维生素，加热炒过后的吸收效果较好。
2. 豆腐属于黄豆制品，其中所含的蛋白质相当优质，被称为素食中的"肉类"。
3. 用剩的豆腐放入碗中，再加入开水冷藏，容易保鲜。

★营养成分分析★

糖类(克)	蛋白质(克)	脂肪(克)	热量(大卡)
5	4.5	6.5	97

蔬菜饼（适合16～18个月宝宝）

材料
卷心菜30克・胡萝卜30克・豌豆20克
面粉1杯・鸡蛋1颗・水250ml

做法
❶将面粉、鸡蛋、水和匀成面糊。
❷卷心菜、胡萝卜切丝，再与豌豆一起放入沸水中氽烫。
❸将上述材料沥干水分后，和入面糊中。
❹取适量煎成两面金黄色即可。

小小叮咛，大大贴心
此道菜富含纤维质及蛋白质，无论当成点心或在正餐时配饭吃都很适合。

★营养成分分析★

糖类(克)	蛋白质(克)	脂肪(克)	热量(大卡)
64	15.8	13	436.2

53

蔬菜卷（适合13～15个月宝宝）

材料

春卷皮1张·紫菜1片·苜蓿芽30克·胡萝卜40克·鸡蛋1个

做法

1. 胡萝卜切丝、氽烫后将水分沥干。
2. 鸡蛋煎成蛋皮后切丝备用。
3. 春卷皮上先铺紫菜，再将苜蓿芽、胡萝卜丝、蛋丝依次铺上。
4. 将春卷皮连同材料卷起即可。

小小叮咛，大大贴心

1. 蔬菜卷可直接用手拿着吃，或用塑料袋、保鲜膜包住拿着吃，非常适合作为外出野餐的点心。
2. 许多孩子比较不爱吃蔬菜，这时改变一下吃的方式，可提高孩子对蔬菜的兴趣。

★营养成分分析★

糖类(克)	蛋白质(克)	脂肪(克)	热量(大卡)
11	8.7	5	124

宝贝0至2岁营养 MENU 全营养宝宝餐

四色沙拉（适合16～18个月宝宝）

材料
马铃薯（中型）1个・胡萝卜30克・小黄瓜30克
鸡蛋1颗・沙拉酱2大匙

做法
❶将马铃薯、胡萝卜、小黄瓜切丁，煮熟后沥干水分。
❷鸡蛋煮熟后去壳，切成丁状。
❸将沙拉酱与上述所有食材拌匀即可。

小小叮咛，大大贴心
对于不爱吃胡萝卜的孩子，可采用这种混着其他食物一起吃的方式，就能达到摄取纤维素的目的了。

★营养成分分析★

糖类(克)	蛋白质(克)	脂肪(克)	热量(大卡)
18	9.6	18	272.4

糖煮胡萝卜（适合19～21个月宝宝）

材料
胡萝卜60克・砂糖45克・水适量

做法
❶胡萝卜洗净后去皮，切成滚刀块。
❷将锅中加入砂糖、胡萝卜及水（略盖过胡萝卜），一起加热。
❸以小火煮约20分钟，放凉后即可食用。

小小叮咛，大大贴心
1.许多小朋友比较排斥吃胡萝卜，家长不妨煮成甜的口味，可掩盖住胡萝卜特有的味道。
2.胡萝卜含有丰富的胡萝卜素，且加热后的吸收率较生吃更高。

★营养成分分析★

糖类(克)	蛋白质(克)	脂肪(克)	热量(大卡)
48	0.6	0	194.4

青豆南瓜汤（适合19~21个月宝宝）

材料
南瓜80克・冷冻青豆仁10克・洋葱20克・奶油10克

做法
❶ 洋葱切成小丁，南瓜切成小块。
❷ 锅中放进奶油加热融化后，先加入洋葱炒软，再加入南瓜及水煮至南瓜软烂。
❸ 最后加上青豆仁、少许的盐及胡椒粉即可。

小小叮咛，大大贴心
1. 南瓜不只可以做成甜点，偶尔也能做成较西式的浓汤，尝尝不一样的口感。
2. 南瓜的纤维比较长，需要煮久一点才方便孩子入口。

★营养成分分析★

糖类(克)	蛋白质(克)	脂肪(克)	热量(大卡)
10.5	2	10	140

开阳白菜（适合19~21个月宝宝）

材料
大白菜150克・虾米少许・干香菇两小朵・炸豆皮1个
淀粉1匙・酱油1匙・乌醋1匙・油1匙

做法
❶ 大白菜切小块，炸豆皮泡软后切小条，干香菇泡软切丝。
❷ 起油锅，先将干香菇丝、虾米炒香，加入大白菜略炒后，再加适量的水烧开。
❸ 水烧开后加入炸豆皮，再加酱油调味并以水淀粉勾芡。
❹ 食用时可加入少许乌醋（及胡椒粉）。

小小叮咛，大大贴心
建议妈妈不妨做点变化，将白饭或面条加入这道菜中，即成为开阳白菜饭或面。上桌前可加少许的醋，有助于提升食欲。

★营养成分分析★

糖类(克)	蛋白质(克)	脂肪(克)	热量(大卡)
16.5	5.5	7.5	156

宝贝0至2岁营养

MENU 08

焗红椒（适合19～21个月宝宝）

材料
甜红椒1/2个・绿花椰菜40克・草菇2朵・蟹味棒1根
比萨芝士丝20克

做法
❶甜红椒洗净后将上部蒂头处切掉，再把中心挖空。
❷绿花椰菜切成小小朵，草菇切片，蟹味棒洗净剥成细丝，一起放入沸水中烫熟后捞起。
❸将烫好的❷放入甜红椒中，再撒上比萨芝士丝。
❹将甜红椒放入烤箱，用250℃烤约5分钟即可。

> **小小叮咛，大大贴心**
> 1.芝士为牛奶制品，含有丰富的钙质。
> 2.甜红椒里面所放的内容物，也可以再加上白饭做成焗饭喔！

★营养成分分析★

糖类(克)	蛋白质(克)	脂肪(克)	热量(大卡)
14.4	13.4	2.5	134

扬出豆腐（适合19～21个月宝宝）

材料
盒装嫩豆腐1盒・淀粉2大匙・白萝卜50克
酱油1茶匙・味醂1大匙

做法
❶将豆腐切成方块状，并用厨房餐巾纸吸掉多余水分。
❷制作调味料：白萝卜以磨泥器磨成泥，沥去多余水分，再与酱油、味醂一起混合。
❸起油锅，将豆腐蘸上一层淀粉，再下锅炸至金黄色即可。
❹食用时蘸上调味料。

> **小小叮咛，大大贴心**
> 1.豆腐表面蘸上淀粉炸过之后，会形成外酥内软的好口感。
> 2.豆腐富含植物性蛋白质，也是优质蛋白质的来源之一。

★营养成分分析★

糖类(克)	蛋白质(克)	脂肪(克)	热量(大卡)
20	9	15	251

薯饼（5人份）（适合19～21个月宝宝）

材 料　马铃薯1个・鸡蛋1颗・鸡胸肉50克・油4大匙
冷冻蔬菜（玉米粒・红萝卜・青豆仁）30克
面粉2大匙・面包粉30克・番茄酱少许

做 法
① 鸡胸肉切丁，马铃薯去皮切成小丁，放进电锅蒸熟。
② 将面粉、半个鸡蛋、鸡丁及冷冻蔬菜加入马铃薯中拌匀。
③ 将混合好的马铃薯团做成圆饼状，先蘸上剩余的蛋液，再裹上面包粉，放入油锅以中火煎至两面金黄色即可。
④ 食用时可蘸上少许的番茄酱。

小小叮咛，大大贴心
1. 制作这道菜肴时，可让孩子一起跟着做，让孩子也有参与感。
2. 煎好的薯饼可先放置在餐巾纸上，等多余的油脂被吸取后再吃，才会比较健康喔！

★ 营养成分分析 ★

糖类(克)	蛋白质(克)	脂肪(克)	热量(大卡)
12.3	5.2	6.5	571.3

宝贝0至2岁营养 **MENU**

全营养宝宝餐

烤马铃薯（适合22～24个月宝宝）

材料
马铃薯1/2个（中型）·芝士片1片

做法
❶将马铃薯洗净，不需要去皮，切对半。
❷芝士片撕成小片，放在马铃薯上。
❸烤箱加热至170℃，烤约10分钟即可。

小小叮咛，大大贴心
1.烤马铃薯可当成正餐中的主食（淀粉类），也可以是点心，其所含的维生素B6、叶酸及矿物质很丰富，对于预防因缺乏维生素所引起的皮肤炎很有帮助。
2.发芽的马铃薯含有毒素，千万不要食用。

★营养成分分析★

糖类(克)	蛋白质(克)	脂肪(克)	热量(大卡)
7.5	8	8	107

59

辅食系列

水果点心类

轻松动手做·营养又可口

2岁以前的宝宝消化系统尚未发育成熟，辅食的选择质重于量。由于宝宝的胃容量小，三餐以外，可以供应1~2次点心补充营养素和热量。

点心可以多利用当季及水分含量多的水果、蔬菜来制作，例如：苹果、柳橙、番茄、西瓜、水梨等，而制作的基本原则就是将水果切成小块，再以纱布挤出果汁即可。

果汁类的辅食应先加入适量开水（1∶1）稀释，然后再喂食，以避免果汁本身过甜，让宝宝养成了偏重的口味。

宝宝对色彩十分敏感，在制作点心时，可以善用食物颜色搭配，以促进食欲。食物的形状经常变化，也可以提高宝宝进食的兴趣。

至于含有过多油脂、糖或盐的食物，如：薯条、薯片、炸鸡、奶昔、糖果、巧克力、夹心饼干、汽水和可乐等，都应列入宝宝食谱上的黑名单中。

teamwork　执行/吴佩儒　整理/唐雨　摄影/詹建华
食谱设计/马偕纪念医院钟政玲营养师　示范制作/吕碧玲老师

宝贝0至2岁营养 MENU

全营养宝宝餐

苹果汁（适合4～6个月宝宝）

材料
苹果130克

做法
❶苹果洗净后去皮。
❷将苹果切块，先磨成泥之后，再以纱布过滤即可。

小小叮咛，大大贴心
制作果汁类的辅食时，可多选用当季盛产及水分多的水果。此外，果汁中富含维生素C，也含有糖分，建议刚开始先进行稀释再来喂食，比较不易造成宝宝的负担。

★营养成分分析★

糖类(克)	蛋白质(克)	脂肪(克)	热量(大卡)
15	0	0	60

西瓜汁（适合4～6个月宝宝）

材料
红西瓜180克

做法
❶西瓜先去皮，切成小块。
❷将切成小块的西瓜放入纱布中，慢慢挤出汁即可。

小小叮咛，大大贴心
刚开始给宝宝喂食果汁时，建议先以开水稀释（比例为1：1）再喂食比较好。

★营养成分分析★

糖类(克)	蛋白质(克)	脂肪(克)	热量(大卡)
15	0	0	60

菠菜汁（适合4~6个月宝宝）

材料
菠菜100克

做法
1. 先将菠菜洗净并切成小段。
2. 将菠菜放入沸水中煮熟。
3. 拿出煮熟的菠菜，放入纱布中过滤，取其汤汁即可。

★营养成分分析★

糖类(克)	蛋白质(克)	脂肪(克)	热量(大卡)
0	0	0	0

胡萝卜果冻（适合4~6个月宝宝）

材料
胡萝卜150克·洋菜10克

做法
1. 将胡萝卜煮熟，磨成泥状备用。
2. 洋菜加水煮开至全部溶化。
3. 将胡萝卜泥加入洋菜中，搅拌均匀。
4. 倒入模型中，放凉成型即可。

小小叮咛，大大贴心
1. 洋菜含丰富可溶性纤维素，便于宝宝吞咽及消化。
2. 制作果冻类辅食时，不需要加任何调味料。
3. 可用不同蔬菜来做果冻类辅食，以增加变化。

★营养成分分析★

糖类(克)	蛋白质(克)	脂肪(克)	热量(大卡)
7.5	1.5	0	36

木瓜泥（适合4~6个月宝宝）

材料
木瓜100克

做法
❶木瓜洗净去籽。
❷以汤匙挖取木瓜，并压成泥状即可。

> **小小叮咛，大大贴心**
> 使用木瓜这类质地较软的水果来制作辅食，在制作过程中比较不需要费心，但必须特别注意手部及器具的清洁，才不会让宝宝拉肚子！

★营养成分分析★

糖类(克)	蛋白质(克)	脂肪(克)	热量(大卡)
15	0	0	60

香蕉泥（适合4~6个月宝宝）

材料
香蕉100克

做法
❶香蕉去皮后切成小段。
❷用汤匙将香蕉压成泥即可。

> **小小叮咛，大大贴心**
> 由于香蕉本身的质地较软，等宝宝6个月大以后，也可直接将香蕉切成小块喂食。

★营养成分分析★

糖类(克)	蛋白质(克)	脂肪(克)	热量(大卡)
15	0	0	60

奇异西米露（适合7~9个月宝宝）

材料

奇异果1/2个・绿豆仁10克・西谷米半碗

做法

❶绿豆仁洗净煮烂后，加入西谷米煮至透明。
❷将奇异果切碎。待西谷米放凉后，加入切碎的奇异果即可（不需加糖）。

小小叮咛，大大贴心

宝宝尝试过几种辅食后，可试着吃混合性的点心，这道点心很适合宝宝，吃起来爽口又营养。

★营养成分分析★

糖类(克)	蛋白质(克)	脂肪(克)	热量(大卡)
30	3	0	132

果酱松饼（适合10~12个月宝宝）

材料

低筋面粉50克・婴儿奶粉25克・鸡蛋1颗
糖10克・果酱1中匙・沙拉油2小匙・水适量

做法

❶低筋面粉与婴儿奶粉一起过筛，加入鸡蛋、糖及适量的水，和成面糊。
❷将沙拉油倒入平底锅，待油烧热后再把面糊倒入（可分次倒），煎至金黄色即可。
❸将果酱淋在松饼上，一起搭配食用。

小小叮咛，大大贴心

除了稀饭、面条之外，松饼的质地软，容易吞咽及消化，是一道适合宝宝又讨喜的点心。

★营养成分分析★

糖类(克)	蛋白质(克)	脂肪(克)	热量(大卡)
67	14.4	22	523.6

水果杏仁豆腐盅

（适合10～12个月宝宝）

材料
红西瓜40克・香瓜40克・水蜜桃（罐头）35克
杏仁豆腐50克・开水适量

做法
❶ 将红西瓜、香瓜、水蜜桃切成小丁。
❷ 将杏仁豆腐切块。
❸ 利用水蜜桃罐头剩下的糖水，先加入适量开水，再加入上述切好的材料即可。

> **小小叮咛，大大贴心**
> 水果含有丰富的维生素C及纤维素，可帮助钙质吸收，促进骨骼的发展。

★ 营养成分分析 ★

糖类(克)	蛋白质(克)	脂肪(克)	热量(大卡)
20.1	0	0	80

芋头豆花 （适合10～12个月宝宝）

材料
豆花80克・芋头40克・糖10克・水适量・樱桃1颗

做法
❶ 将芋头洗净，切成小块煮熟。
❷ 先煮好糖水，再加入豆花、芋头即可（食用时可加樱桃作为装饰）。

> **小小叮咛，大大贴心**
> 1. 芋头属于根茎类食物，富含纤维素。
> 2. 豆花是黄豆制品，含有植物性蛋白质。家长除了让宝宝摄取动物性蛋白质，也应搭配摄取植物性蛋白质，达到互补的功效。

★ 营养成分分析 ★

糖类(克)	蛋白质(克)	脂肪(克)	热量(大卡)
20	8.3	5	160.2

芝士乐之饼干

（适合13～15个月宝宝）

材料
市售乐之饼干5片・芝士片2片・奇异果少许・草莓少许

做法
❶将芝士片以模型压成圆形，放在乐之饼干上面。
❷将奇异果、草莓切成小片装饰即可。

小小叮咛，大大贴心
1.芝士片为奶制品，含钙质也相当丰富，非常适合成长阶段的孩子。
2.选购芝士片应挑选低盐的较为理想。

★ 营养成分析 ★

糖类(克)	蛋白质(克)	脂肪(克)	热量(大卡)
20	11	8	196

核桃奶酪（适合13～15个月宝宝）

材料
低脂鲜奶150ml・明胶4克・热开水50ml・核桃1个

做法
❶将低脂鲜奶加热至70℃。
❷将明胶溶入50ml的热开水中。
❸加入加热后的低脂鲜奶搅拌后，静置放凉结冻。
❹食用前将核桃切碎，放在奶酪上即可。

小小叮咛，大大贴心
鲜奶的含钙量丰富，适时添加在孩子的点心中是很重要的。

★ 营养成分析 ★

糖类(克)	蛋白质(克)	脂肪(克)	热量(大卡)
7.2	4.8	3	75

八宝牛奶粥（5人份）

（适合16～18个月宝宝）

材料
红豆35克・绿豆35克・薏仁35克・莲子35克
黄豆35克・麦片35克・小米35克・砂糖80克・鲜奶120ml

做法
❶薏仁、红豆、黄豆需要先浸水并放置一夜。
❷将所有材料加水煮20分钟后，以焖烧锅焖大约两小时，再加糖调味。
❸食用时加入鲜奶即可。

小小叮咛，大大贴心
1.若想缩短准备时间，也可使用市售的蜜汁八宝豆，但记得要去掉多余的糖水或用开水冲过。
2.豆类富含维生素B族与烟酸，可维护人体免疫系统的健全，是很重要的营养素。

★营养成分分析★

糖类(克)	蛋白质(克)	脂肪(克)	热量(大卡)
38	5.7	16.8	34

绿豆沙牛奶（适合16～18个月宝宝）

材料
绿豆40克・鲜奶240ml・砂糖15克

做法
❶绿豆煮熟后放凉备用。
❷将绿豆、鲜奶、砂糖放入果汁机中打匀即可。

小小叮咛，大大贴心
1.鲜奶中的钙质非常适合人体吸收，建议每天应摄取1～2杯。
2.若孩子体重较重，可改用低脂鲜奶来取代全脂鲜奶。
3.为了让绿豆完全熟透，沸腾后应转为小火继续焖煮30~50分钟（锅盖不能完全盖紧，要留一个小缝，汤汁才不会溢出）。

★营养成分分析★

糖类(克)	蛋白质(克)	脂肪(克)	热量(大卡)
57	12	8	348

鸡蛋牛奶布丁

（适合13～15个月宝宝）

材料
鸡蛋1颗・鲜奶150ml・砂糖5克・水少许

做法
❶将鸡蛋放入碗中打散，加入鲜奶150ml。
❷砂糖先加入少许水溶解，再倒入蛋奶中拌匀。
❸放进电锅蒸20～30分钟即可。

小小叮咛，大大贴心
1. 1岁以上宝宝可开始尝试全蛋及牛奶，增加优质蛋白质的摄取，鲜奶也可以用宝宝平时喝的幼儿奶粉替代。
2. 使用电锅蒸布丁的时候，不要将锅盖紧闭，略开一小缝，蒸出来的蛋布丁会更漂亮喔！

★营养成分分析★

糖类(克)	蛋白质(克)	脂肪(克)	热量(大卡)
12	15	13	225

水果酸奶沙拉

（适合13～15个月宝宝）

材料
奇异果1/2个・草莓3个・哈密瓜50克
苹果30克・低脂酸奶150ml

做法
❶将所有水果切成小丁装在碗中。
❷淋上低脂酸奶即可。

小小叮咛，大大贴心
1. 酸奶含有乳酸菌，有利于肠道内益生菌生长，对便秘也有很好的帮助。
2. 酸奶的味道较酸，让孩子搭配水果一起吃，接受度会比较高。

★营养成分分析★

糖类(克)	蛋白质(克)	脂肪(克)	热量(大卡)
41	5.2	5	230

宝贝0至2岁营养 MENU

全营养宝宝餐

香蕉牛奶汁（适合22~24个月宝宝）

材料
香蕉1/2根·牛奶250ml

做法
❶香蕉去皮切成小段。
❷将香蕉、牛奶一同放入果汁机中打匀即可。

小小叮咛，大大贴心
1.香蕉含有丰富的钾、镁，具有预防抽筋的效果。
2.夏季是香蕉的盛产季节，不需要额外加糖也带有甜味。

★营养成分分析★

糖类(克)	蛋白质(克)	脂肪(克)	热量(大卡)
27	8	8	212

牛奶桂圆冻（适合22~24个月宝宝）

材料
果冻粉15克·细砂糖100克·水500ml
牛奶100ml·桂圆干30克

做法
❶取部分细砂糖先与果冻粉拌匀。
❷锅中加水煮沸后，再放入桂圆干煮至入味。
❸随即加入果冻粉（已拌有少许细砂糖）、细砂糖，煮至颗粒融化即可关火。
❹将桂圆果冻液静置待凉，放进冰箱冷藏。
❺食用时先将凝结的桂圆冻切成小丁，再加入牛奶即可。

小小叮咛，大大贴心
1.多尝试将牛奶加入不同点心中，可增加孩子对奶类的摄取量。
2.牛奶所含的钙质非常丰富，有助于孩子的骨骼生长。

★营养成分分析★

糖类(克)	蛋白质(克)	脂肪(克)	热量(大卡)
111	4	4	496

69

凤梨果酱 （适合19～21个月宝宝）

材料
凤梨300克·砂糖100克·麦芽糖50克

做法
❶凤梨切小丁，与砂糖、麦芽糖一同放入微波盒中，强微波15分钟即可。
❷吃剩的果酱可放入密封罐中，以冷藏保存。

小小叮咛，大大贴心
1. 自制果酱除了可选择自己喜爱的口味外，也没有添加防腐剂或香料的顾虑。
2. 剩下的果酱即使以密封、冷藏的方式保存，最好还是不要超过两个星期。

★营养成分分析★

糖类(克)	蛋白质(克)	脂肪(克)	热量(大卡)
186	0	0	744

吐司牛奶布丁 （适合22～24个月宝宝）

材料
吐司1/4片·牛奶150ml·鸡蛋1颗·糖1小匙

做法
❶吐司先切成小丁，鸡蛋打散。
❷将糖加入牛奶中溶解后，再倒入蛋液中混和均匀，最后放进切丁的吐司。
❸烤箱预热至180℃，将❷放入烤约15分钟，等表面呈金黄色即可。

小小叮咛，大大贴心
1. 烤布丁时最好在烤盘上放些水，再将盛装蛋液的容器放进去烤，比较不会太干。
2. 布丁中加入吐司，可让口感变得比较绵密。

★营养成分分析★

糖类(克)	蛋白质(克)	脂肪(克)	热量(大卡)
16	12.3	9.8	200

Ch.3 宝宝长大了

3-1 该换奶了吗？6至12个月宝宝的饮食原则

宝宝6个月了，许多父母考虑是否该为宝宝换奶粉呢？其实，除非宝宝出现厌奶或是有过敏体质，否则没有特别必要帮宝宝更换较大婴儿奶粉。只要把握添加辅食等营养原则，宝宝一样可以长得壮壮！

1岁是宝宝营养的一个重要分水岭。1岁以前的婴儿，通常是以母乳或合格的婴儿配方奶（不是鲜牛奶）为主食。由于母乳实在有太多优点是婴儿奶粉无法代替的，因此除非万不得已，千万不要轻易剥夺宝宝喝母乳的权利。

很多喂哺母乳的妈妈担心宝宝喝母奶吃不饱，尤其宝宝吸吮母乳不像配方奶粉一样，透过奶瓶的容量可得知宝宝喝的量够不够。别担心，最好的评估方法就是，看看宝宝的生长发育是否正常，看宝宝体重的增加曲线。一般而言，宝宝满月时，体重应该比出生时增加一公斤；到了4个月大，约为出生时的两倍；到了周岁时，宝宝的体重大概已经是出生

帮宝宝换奶粉的方式

换奶以渐进的方式，在3到4天逐步更换为宜，也就是第一天先以3/4原奶、1/4新奶的比例喂哺，并观察宝宝有无任何不适的症状，例如：腹泻、腹胀、呕吐等。如果没有问题，第二天再以1/2原奶、1/2新奶的比例增加，第三天加到1/4原奶、3/4新奶，如果顺利可在第四天完全换奶。特别提醒家长，由母奶换成配方奶的时候，如果宝宝出现血便、黏液便、皮肤红疹等症状，可能是牛奶蛋白过敏，应该带给小儿消化科医师进一步检查确定。

时的三倍。

通常宝宝4到6个月大时，体重也大约达到出生体重的两倍（约6~7公斤），而每天的总奶量大概也达到1000ml，这时单纯喂奶的营养已不敷宝宝所需。这个月龄的宝宝，往往也开始出现厌奶情形，一天喝不到600~700ml是常有的事。有的妈妈要喂奶时，只见宝宝将头撇向一边不肯喝，或是嘴唇紧闭，这时可急坏爸妈。这种情况下家长不应该强迫喂奶，其实这时宝宝的胰脏功能已经成熟，可考虑开始添加辅食；或者在宝宝满6个月后，改喂较大婴儿配方奶粉。

6个月以上宝宝，营养需求增加

6个月大到周岁的宝宝，我们很难期望喝奶量再增加，甚至宝宝会有喝奶量逐渐减少的情形。但这时的宝宝比6个月前的宝宝需要更多的热量、矿物质与蛋白质，这些营养可以由辅食或固体食物的摄取来加强。婴儿平均长第一颗牙齿的时间，也是在6个月，此时添加辅食，可以逐渐训练宝宝的咀嚼功能。妈妈给宝宝储存在体内的铁质，到6个月左右就会不够，如果能从辅食中添加富含铁质的食物（如：牛肉泥、猪肝泥、苹果泥、深绿色蔬菜等），可以预防缺铁性贫血的发生。

这个时期，家长应细心观察宝宝的生长发育是否正常。所谓"生长"指的是体重、身长、头围。家

长可参考宝宝保健手册中的生长百分位，是否已低于第三百分位或在短时间内急速下降。"发育"指的是宝宝到了该月龄时，身体的功能是否达到标准。如：4个月抬头、5至6个月翻身、7个月会坐、8个月会爬等。如果宝宝厌奶、喝得少、又有生长发育迟缓的问题，或者合并有其他症状，如腹泻、吐奶或便秘，应该赶紧就医找出病因。

宝宝便秘的照护方法

宝宝常常也会因为饮食的调整而出现便秘。一旦发生便秘情况，应先看看有无肛裂，妈妈可用温水坐浴帮助宝宝伤口复原。此外，不要将奶粉泡太浓，以免宝宝肾脏受损。如果已经满4个月，可尝试稀释的果汁或是苹果以外的蔬果泥，以补充纤维素。配合薄荷油以顺时钟方向，轻轻按摩肚脐周围，以促进肠蠕动。感觉宝宝大便很吃力时，可以用凡士林润滑的肛温剂刺激肛门（约进入2公分），如果严重到血便或有严重腹胀呕吐，应该就医检查有无先天性巨结肠症，或肠道神经发育不全等潜在疾病。

宝宝腹泻的照护方法

宝宝腹泻时，应注意有无口舌干燥、皮肤松弛、小便减少等脱水症状，可先将奶泡稀，暂停米麦粉的添加，喂哺母乳的妈妈仍可继续喂母乳。另外，可于两餐之间给予婴儿专用的口服补液盐水（等于口服的点滴）。如果宝宝已适应固体食物，可给予清淡饮食（较绿的香蕉、稀饭配海苔酱、苹果或苹果泥、白吐司或馒头、苏打饼干）。如果不能改善，可在医生指示下改喝无乳糖配方奶粉（俗称止泻奶粉），大约2星期之后，腹泻已改善时，再逐步改回原来的一般婴儿奶粉。

适时提供固体食物

至于6个月以上是否一定要换成较大婴儿奶粉？1986年5月第39届世界健康会议的结论是：对婴儿哺以较大婴儿奶粉其实是不必要的。较大婴儿奶粉跟一般婴儿奶粉相比，其蛋白质和矿物质含量较高，有些添加了蔗糖，所以味道较甜。如果宝宝厌奶，改喝较大婴儿奶粉可改善最好，但是如果宝宝不适应，也不一定非换奶粉不可，只要辅食添加得宜，营养大都不会缺乏，而且较早适应固体食物的宝宝，也较容易适应成人食物，而不会在周岁后太依赖牛奶。

1岁以后的奶类主食变点心

1岁以后的幼儿，应该减少喝母乳或牛奶的次数（大约每天二次）。这时候牛奶通常当作点心即可，而应该以一般大人吃的三餐食物（蛋奶鱼肉豆类蔬果米面等）为主食。只要够软、易消化，都应该均衡地摄取，否则小朋友的生长发育会出现问题。至于鲜奶、酸奶、蜂蜜水，虽然1岁以下的婴儿不适合吃，但1岁以上的幼儿则无妨。

添加辅食也是以渐进为原则。第一次添加辅食，建议先从液体食品如稀释的果汁开始。切记不要太酸，免得宝宝抗拒；也不要太甜，以免影响正常的喝奶量。可选择在两餐之间，从少量开始尝试。头几次或许宝宝不适应，但妈妈不要灰心，因为心理学研究指出，婴儿开始尝试新食物，可能需要8至10次的接触、品尝才会接受，所以不要尝试一两次后就放弃。等宝宝适应后，可慢慢增加辅食的量，约1至2周后，再试着增加第二种新的辅食。不要一两天就换一种新的辅食，这样容易造成宝宝错乱。

过敏宝宝的饮食与环境

有家族过敏史（父、母、兄、姐有气喘、过敏性鼻炎或结膜炎、异位性皮肤炎）的宝宝，可将辅食添加时间推迟至6个月。建议先添加米粉（因为东方人对麦粉较易过敏）。易过敏食物如甲壳类海鲜（虾、螃蟹）、坚果（花生、核桃）、柑橘、柳橙、芒果、奇异果、草莓、豌豆、花生及蛋白等，最好延至1岁以后再给宝宝食用。

对于过敏体质的宝宝，最好能喂哺母乳至少6个月以上。如果不行，可于婴儿初期（6个月以前）喂哺部分水解蛋白配方奶粉。6个月以上的宝宝，因为已经开始添加辅食，换不换成较大婴儿部分水解蛋白配方奶粉，意义并不大。因为宝宝所吃的固体食物中的蛋白质分子，早已比水解蛋白分子更大。此时，应注意避免宝宝接触过敏原，减少进一步诱发过敏反应的机会。除了注意上述哺乳和饮食的事项之外，也要改善环境，减少空气中吸入性过敏原，如家尘、尘螨、猫狗毛、羽毛、霉菌、蟑螂、花粉等。

添加辅食有诀窍

等到液体食物适应后，可再尝试半固体食物，如婴儿米粉或麦粉。一般建议先从米粉开始。添加的方式，可用水调成米糊，用小汤匙喂。如果宝宝会用舌头将米糊吐出，表示吞咽功能尚未十分成熟，这时也可以将米粉加入婴儿配方奶中（一开始以半勺对三勺的比例，再逐渐增加到一勺比三勺）。一旦宝宝可以吞咽，还是以小汤匙喂食较好。其他液体食物如菜汤、稀饭汤，半固体食物如果泥、菜泥、蛋黄泥（9个月后）、肉泥、什锦稀饭（加海苔酱、肉松、鲔仔鱼、蔬菜、胡萝卜）等，均可视宝宝的适应情况逐步添加。

过敏宝宝辅食添加原则

过敏体质宝宝在6个月之后，就可以开始喂食辅食了！为避免宝宝产生过敏的现象，可以先从米粉开始添加，并且视宝宝的实际状况，逐渐增加分量。

一般宝宝在4个月大的时候就可以添加辅食，但是对于过敏体质的宝宝，最好等到6个月以后再开始。6个月大之前，先以母奶或牛奶喂食。

之所以过敏宝宝要比一般宝宝晚两个月添加辅食，马偕纪念医院营养师钟政玲表示，主要是让宝宝的胃肠功能发展更健全一些，这时身体抵抗力比较好，再添加自然的食物比较恰当。否则宝宝的吸收或整体免疫功能都发展得还不是很完善时，一下子添加一些自然的食物，会比较容易引起过敏反应，这是家有过敏体质宝宝的妈妈们需要多留心的地方。

喂食辅食一点一点尝试

钟政玲建议，过敏体质宝宝在开始喂食辅食时，可以先让宝宝尝试一点点，看看宝宝会不会产生过敏的反应。如果不知道宝宝对什么食物会产生过敏，妈妈可以用多种方法去试。在食物分量上从少到多，以渐进的方式喂食。

若确定父母亲对某种食物过敏，在喂食宝宝时，就应该避免这方面的食物。此外，如果以鸡蛋作为辅食添加物，最好先从蛋黄开始尝试，因为蛋白内含有"免疫球蛋白"，容易让宝宝产生过敏现象。不过，这要看宝宝的个人体质，不一定每个宝宝吃了蛋白都会有过敏的反应。

避免过敏，从谷类开始添加

担心家中的小宝贝对辅食产生过敏，妈妈可以先从谷类（米粉、麦粉）开始添加。尤其是米粉优先于麦粉，原因是麦粉含麸质成分，比米粉更容易引起过敏。

以米粉为辅食，可以先添加在牛奶中，一次的分量约半匙或一匙，再视宝宝的实际吸收状况，做分量上的增加。4到6个月的宝宝乳牙还没有完全长好，所以妈妈在喂食时，无法一次给很多的量。

teamwork　文/张玉玲　采访咨询/马偕纪念医院营养师钟政玲　摄影/陈炳煌
演出/刘书辰　餐具提供/佳比国际（股）公司

宝宝辅食喂食指南

年龄	可尝试的食物	摄取分量/添加原则	营养特点
4~6个月	米糊	以开水调成糊状的米糊，不容易引起宝宝过敏症状。在两餐之间喂食，一天喂三至四汤匙（平均一餐喂一汤匙）。	米糊的主要成分为碳水化合物、糖类。帮助宝宝脱离断奶期，开始尝试自然食物。
7~9个月	泥状天然食物（水果泥、蔬菜泥）。八九个月大时可尝试肉泥、肝泥。以米糊——蔬菜水果泥——肉泥渐进方式喂食。	米糊：80克/天。蔬菜水果泥：30克/天。先从少量开始喂食，同一种食物喂2至3天后，再更换其他食物。不要混合喂食，以免造成宝宝味觉混淆。	蔬菜水果内含纤维素、维生素C和矿物质，肉类含有维生素A和蛋白质，有助于宝宝皮肤与胃肠道黏膜的发育。
10~12个月	可以开始尝试混合性食物，将碎肉、蔬菜嫩叶，加入稀饭或干饭一起喂食。干饭不要太硬，让宝宝好咀嚼。	稀饭与干饭的分量：一餐约1/3碗，不要加任何调味料。减少喂食牛奶的次数，一天减为2至3次。	加在稀饭或干饭里的深色蔬菜（菠菜）、胡萝卜，含有β胡萝卜素、叶酸，肉类则含有蛋白质成分。
1~2岁	开始喂食周岁以上宝宝奶粉，也可以尝试全蛋，在食物上没有太大的限制。	一餐半碗干饭或稀饭（稀饭分量可以多一点）。肉类一餐约1两左右。蔬菜的选择上可以做多种变化。	将六大类饮食均衡分配，让宝宝摄取到鱼、肉、豆腐、蔬果的营养成分。

过敏体质的宝宝在辅食选择上，除了从谷类开始添加，也可以将新鲜水果磨成水果泥，作为辅食的来源。

过敏宝宝添加辅食，需有观察期

宝宝尝试辅食的原则是，不要一天当中尝试好几种食物。如果今天开始尝试米粉，最好先持续3天，等到宝宝没有出现过敏或肠胃不适的现象，再换另一种食物尝试。更换的次数不要过于频繁。

最适当的方式就是，第一次添加辅食时，一天可喂2至3次。如果试了一两天后宝宝没有过敏的反应，第3天可以再加量。每次加量都维持2至3天的观察期，观察宝宝的消化、排便是否正常，以及有没有出现拉肚子、皮肤出疹等过敏反应。

等到宝宝八九个月大的时候，就可以喂食混合性食物（例如：肉粥），几乎和大人的食物有点类似了。

不过要注意的是，1岁之前的辅食，不要添加任何的调味料（盐、味精）。因为宝宝的肾脏功能尚未发展完全，添加调味料只会造成宝宝的肾脏负担。

抵抗过敏原，维生素不错哦！

6个月后的宝宝开始添加辅食，为了抵抗过敏原，应该摄入足够的维生素C。因此，6个月后可以添加水果当成辅食，让宝宝的肠胃逐渐适应。

如果怕宝宝营养摄取不足，可以选择液态维生素制剂做补充。以滴的方式，将维生素加入牛奶或开水中，让宝宝食用。至于固体维生素制剂，小宝宝无法吞食，妈妈可以将其磨成粉状，再加入牛奶或开水中喂食。

想以水果泥作为宝宝的辅食，刚开始可以选择苹果或其他水分较多的水果，打成泥状让宝宝食用。如果要喂食果汁，在食用之前要先稀释。水与果汁的比例为1:1，不能一下子给全浓度的果汁，因为全浓度的果汁对小宝宝来说太甜了。

至于妈妈要在什么时间喂食宝宝辅食？钟政玲营养师建议，可以选择在两餐之间。四五个月的宝宝每次可以喝到100~200ml，一天大约喂1至2次。如果小宝宝不出现呕吐或过敏的反应，喂食的分量就可以视情况逐渐增加。

4个月宝宝虽然已经开始吃辅食，但是他/她的舌头只会前后蠕动，因此适合用吸的方式。6个月以后的宝宝，可以用汤匙喂食，试着让他/她慢慢用嘴巴咀嚼食物。

小心观察宝宝的过敏反应

过敏体质宝宝对食物产生的过敏反应中，最常见的是皮肤与胃肠道反应。在喂食辅食之后，一旦宝宝皮肤出现疹子，或是出现呕吐、腹泻的情形，妈妈应该意识到，宝宝可能对此食物过敏。

尝试辅食时，注意宝宝是否有胀气或腹泻。如果有，妈妈喂食这种辅食的量要再减

过敏宝宝食物的处理方式

给过敏体质宝宝的食物，在烹调上应该特别注意，所有食物最好是全熟（例如：蛋要全熟，不可以是半熟），烹煮蔬菜汤要煮沸才可食用。食物的容器、过滤用的纱布、研磨食物的工具，以及妈妈的双手，都要清洗干净。由于小宝宝的肠胃特别脆弱和敏感，若卫生习惯不好，容易引起宝宝肠胃方面的问题。

过敏原因

宝宝对辅食产生过敏反应，绝大部分是因为体质的关系，尤其是遗传因素。如果宝宝的父母亲其中一方有过敏体质，那么就更容易将这种体质遗传给宝宝。至于一些常见的对灰尘、尘螨、气候、温度……等过敏现象，由于是外在环境因素的关系，所以很少会反应在食品上。

怀孕妈妈应注意事项

虽然过敏体质宝宝大部分原因来自于遗传，不过孕妇在怀孕期间，也应尽量避免海鲜类的食物。因为海鲜里含"组织胺"的成分高，容易引起过敏的反应。

有网络上传言：妈妈要避免食用牛奶和鸡蛋，这方面钟政玲营养师持保留态度。钟政玲认为：鸡蛋是优质的蛋白质，而牛奶是钙质摄取的最佳来源。如果妈妈对牛奶过敏，可以用豆浆取代牛奶。

营养师的小叮咛

亲自哺喂母乳，增加宝宝的抵抗力。

过敏体质宝宝尝试辅食的时间，最好是从宝宝6个月后开始。

添加宝宝辅食，先从米粉开始尝试。

居家环境少用毛毯，避免因环境所引起的过敏反应。

少。如果减少后，仍会造成宝宝身体不适，可能这类食物并不适用，需再尝试其他类别的辅食。

有时宝宝产生呕吐或腹泻，不一定都是对辅食过敏，有时候是因为妈妈调奶的浓度不对，也会造成宝宝腹泻。因此，需要妈妈细心观察。

引起宝宝过敏的食物

❶鸡蛋：鸡蛋中的蛋白含有"免疫球蛋白"，容易引起过敏的反应。有过敏体质的宝宝，建议在1岁以后再给予全蛋。

❷鲜奶：最好在1岁以后，再尝试一般市售的鲜奶（全脂或低脂）。

❸坚果类：部分过敏体质宝宝，会对花生、开心果、核桃等坚果类产生过敏。

❹海鲜类：有些海鲜容易产生过敏反应，所以避免吃虾、螃蟹等贝壳类海鲜食物。

如果宝宝容易对上述饮食过敏，妈妈可以避免喂宝宝这些食物做成的辅食，以杜绝过敏原。等到宝宝再长大一点，如果过敏症状趋于和缓，则可以与医师讨论，是否能够恢复食用这些食物。

钟政玲建议，如果想让小宝宝有较强的抵抗力，而且不容易过敏，妈妈可以试着哺喂母乳，以增加宝宝抗敏能力。此外，随着宝宝年龄的增长，免疫系统会逐渐成熟，体质也会随着改善。虽然有些宝宝的过敏体质是天生的，但是只要父母悉心照顾，就能减少宝宝产生过敏的反应。

3-3 益生菌与益菌生
帮助好菌成长，保持身体健康

我们日常食用的食物中，一些糖类像果糖及寡糖，可促进益生菌的生长，则可将之称为益菌生。

益生菌（Probiotics）直接翻译其原意是对生命对健康有好处的微生物。人体内存在着微生物与免疫物质，微生物包括了霉菌、细菌与病毒。

何谓"益生菌"、"益菌生"

这些微生物和身体的免疫能力，若在一种平衡状态之下，是相互制衡、和平共存着。这样我们就不会生病。这种平衡一旦被破坏，即使是暂时性的不平衡，例如免疫力降低或好菌减少，那么坏菌就会增殖而致病。

人体的肠道中，有益健康的细菌最少也有四百种。其中最重要的，就是嗜酸乳酸杆菌（Lactobcillus aci-dophilus）和两歧双歧杆菌（Befidobacterium bifidum）。此外，我们日常食用的食物中，一些糖类像果糖及寡糖可促进益生菌的生长，则可将之称为益菌生。

益生菌的重要性

将食物用一些乳酸菌发酵之后再食用，应用的历史大约已经超过一个世纪。直到现在，我们日常生活中，发酵过的食物仍然十分重要。例如酸奶（Yogurt）和乳酪（Cheese）都是孩子们喜爱而且有益健康的食品。

乳酸杆菌从婴儿出生后就开始在人体菌落化。喂食母乳的

> **乳酸产品的疑虑**
>
> 制作这些益生菌的公司，虽然都声称他们的产品经得起考验，但实际验证上却有许多的困难。事实上仅有少数产品内含丰富的益生菌。许多的含乳酸菌产品，并不是真正含活性乳酸杆菌，反而是一些污染菌种。至于这些污染菌对人体是不是有害，或是否有潜在的危险，也就很难说了。美国专家曾经验证市面上16家公司的益生菌产品，发现符合标示活菌数目的，仅四分之一。

婴儿原本没有细菌的肠道很快就有大量的益生菌生长，大便中可以找到许多种这一类的细菌。当然一些具有潜在毒性的细菌也同时存在，它们正在等待机会。一旦机体免疫力下降，或有益菌减少，就有可能引发影响健康的疾病。

菌落不易生存

市场上，乳酸杆菌和双歧杆菌都可以活菌贮存方式供应大家使用。应用在孩子身上的益生菌必须经过重重的考验，制作过程、运送和贮存发生的种种不利菌种生存的问题，都需要克服。在吃进胃肠道的过程中，像胃酸、消化酶和肠内的许多环境因素，也可能影响菌落的生存。成功的益生菌制品，应有足够的在肠内生存的能力。目前市面上的一般酸奶所使用的益生菌，就很难在大肠内寄生。

临床应用

肠内细菌的菌落平衡，对人体的健康影响十分重要。与益生菌可能有关的生理过程和物质包括：营养、免疫、胆固醇代谢、致癌物、毒素和老化等。小儿科医学上有一些情况，可以考虑使用益生菌。

（1）乳酸杆菌事实上是肠道和阴道的正常菌种。在营养学上担负着和其他菌种，甚至致病菌竞争的任务。它们可改变肠道和阴道的酸碱度，并能分泌一些抗菌因子，或和致病菌竞争，抢夺细胞的附着位置，达到防止或治疗感染的效果。有许多学者甚至提出乳酸杆菌除了保护肠道和阴道环境生态之外，还有刺激机体免疫系统的作用。

（2）使用了广谱抗生素之后，常常引起孩子腹泻，甚至念珠菌增殖及泌尿道感染。使用嗜酸菌可矫正并维持肠内菌群的平衡。虽然，正在使用抗生素的时候，同时使用嗜酸益生菌并非很有效，而且必须用较大的菌量，但目前仍然建议使用。

（3）嗜酸乳酸杆菌是阴道的正常菌种，具有抑制白色念珠菌的作用。妇女因白色念珠菌增殖导致阴道炎的时候，在阴道置入嗜酸乳酸杆菌或使这种正常菌种增殖，可以治疗阴道炎，还有抑制其他致病性阴道菌的作用。

嗜酸乳酸杆菌可使肌糖发酵而产生乳酸（lactic acid），维持阴道适当的酸度，还可产生过氧化氢，对某些阴道致病性细菌有抑制作用。可是目前大部分市售含乳酸杆菌的制品并不能产生过氧化氢。因此治疗反复发作性念珠菌阴道炎，建议使用阴道灌注方法；儿童患者可建议使用口服含乳酸杆菌的酸奶（yogurt）每天240ml约6个月，仍然可以获得相当好的疗效。

（4）酸奶使用的乳酸菌主要是保加利亚乳杆菌（Lactobcillus bulgaricus），这种益生菌经动物实验证实具有抗癌作用。其作用在于能减少肠道致癌细菌的生长。嗜酸乳酸杆菌用于正在接受抗癌化学治疗，或放射治疗肠癌的患者，对癌症和治疗产生的腹泻都有帮助。

（5）乳糖不耐受症患者也常常使用酸奶制品，这些制品内含丰富的益生菌，这些菌产生分解乳糖的酶，有助于孩子的肠道分解乳糖，使乳糖不耐受的情况得以改善。

益菌生的优点

既然有那么多的益生菌有助于增强人体肠道功能，我们必须知道将细菌制品吃进肚子里，经过胃肠道胃酸、肠道消化酶等多重关卡，到达肠内发挥作用的菌又有多少呢？那么，换一种方式，让孩子吃一些对肠内益生菌生长有好处的食品是不是会更好呢？

一些短链多糖类最近进入食品市场。它们也就是我们看到的果糖寡糖类。这些糖类，可经过胃肠而不被消化，吃了之后肠内的健康细菌如分枝杆菌与乳酸杆菌都增加，但不健康的细菌则会减少。

除了调节菌种之外，益菌生还有下列几种好处：

❶增加短链脂肪酸的产生。
❷改善肝功能。
❸降低血胆固醇，降低血压。
❹排出有毒物质。

日常生活中有益菌作用的食物包括：香蕉、洋葱、芦笋、大蒜等。

3-4 零食的选择 以营养点心来取代

口味丰富、造型可爱的零食,对孩子来说充满诱惑力,但是零食的热量高且营养价值低,除了会减低正餐的的食欲,对生长发育也可能产生影响。因此,爸妈应该以健康、营养的点心取代零食,别让孩子从小养成吃零食的习惯。

饮食除了是人体的能量来源,更是健康的基础,若没有良好的饮食习惯,或多或少都会对健康造成影响。一些人有挑食、偏食、三餐不定等情形,这些习惯长期持续,必将危害健康。想要让孩子别步入你偏食、爱吃零食的后尘,让孩子吃得健康,为人父母者从孩子小的时候,就该培养他/她正确的饮食习惯。

孩子跟着父母吃

对宝宝来说,从喝奶到开始接触辅食是一种全新的体验。所以宝宝在这个时期并不会有先入为主的想法,

对食物产生喜欢或讨厌的反应。但是，如果爸妈本身排斥某些食物，餐桌上经常见不到特定食材做成的食物，很自然地宝宝也丧失接触这些食物的机会。时间一久，孩子因为对某些食物不熟悉，缺乏尝试的机会，无形中对食物就会产生好恶，容易产生偏食问题。

另外，爸妈本身如果有些不好的饮食习惯，如三餐不定、爱吃零食、偏好某种口味等，都会在日常生活中对孩子产生潜移默化的影响，间接导致孩子养成不正确的饮食习惯。

吃零食阻碍孩子发育

孩子只爱吃零食，不喝牛奶，饭也不吃，对许多父母而言是相当头痛的问题。孩子正值成长打基础的时期，一旦营养吸收不足，会影响日后的健康发展。这发育期一错过，就很难弥补。

所谓"零食",就是泛指一些高热量、营养价值低的食物。如果孩子吃了过多的零食,很容易因为吸收许多热量,产生满足感,反而吃不下正餐,无法摄取足够且均衡的营养(如:矿物质、微量元素、维生素)。此时即使体重仍持续增加,但生长发育却会受到影响,甚至身体功能也会出现问题(如:贫血)。

此外,为延长零食的保存期限,零食中大多含有防腐剂、色素、化学添加剂等添加物,如果食用的量过多,对人体会产生不良影响。特别是年幼的孩子,其可以接受的安全食用量更小,若经常吃零食,容易出现过量摄取添加物的情形。

把零食变成营养点心

孩子会去吃零食,有可能是好奇,也可能是肚子饿了,却没有其他食物可选择。因此,如果要避免孩子接触零食,最重要的方法就是为他准备食物,把零食变成营养的点心。

建议爸妈可以选择含奶量较多的食物,如布丁、奶酪、酸奶等,来作为孩子的点心,尽量不要挑选脂肪含量太高或太甜的食物,以免造成宝宝肥胖或对甜食的偏好。

爸妈在为孩子准备点心时,应该考虑到营养的均衡搭配,如果可以的话,自己动手做也是相当不错的方式,营养及卫生都能兼顾。

举例来说,准备汉堡时除了加炸鸡肉,还应该加上生菜,让汉堡变成一道均衡的点心(可同时摄取面包、肉类和蔬菜)。如果只加炸鸡肉,可能会因为太油腻,影响孩子吃正餐的食欲。另外,若要准备甜点作为点心,可以多用牛奶取代糖水,例如可以将红豆汤或绿豆汤煮甜一点,等到要给孩子吃的时候,先盛一些红豆或绿豆颗粒,再加上牛奶,这样甜度就刚好,又可以摄取到充足的牛奶。

喂食辅食的注意重点

许多父母误以为食物喜好是天生的,因此在喂食辅食时,如果宝宝用舌头将食物吐出来,就觉得是宝宝不喜欢吃,之后也就不准备这种食物。不知不觉中,宝宝的饮食习惯便会出现问题。

事实上,宝宝刚接触大人的食物时,不会有特别的喜好,将食物吐出来只是因为还不习惯。这时做父母的应该要更有耐心,试着多喂几次,等到宝宝习惯后,就不会再发生类似情形。

不要将零食当成奖励品

在许多情况下，为了要求或鼓励孩子，爸妈常会以奖励品作为"诱饵"，而零食也可能是奖励品之一，于是孩子接触零食的机会自然就增加，爱吃零食的习惯也容易养成。因此，爸妈如果要以食物作为奖励品时，一定要仔细选择，千万不要因自己的疏忽，制造许多让孩子吃零食的机会。

养孩子有很多学问，不只是填饱他的肚子就够了。吃进肚子里的东西是不是垃圾食物？对孩子的成长有没有帮助？这些都需要爸爸妈妈为家中的宝贝好好设计，并且陪着他/她一起吃。

不同阶段孩子的点心需求

★ **小小孩（1岁以内）**

这个阶段的孩子一天大约需要摄取500~700ml的牛奶，所以在准备点心时，牛奶是相当不错的选择。要注意的是，许多爸妈刚开始喂辅食时，如果遇到困难，常会暂时先喂孩子喝牛奶，但是如果喂太多牛奶，忽略了辅食的摄取，有可能造成营养素缺乏，尤其是铁质。因此，爸妈喂辅食时还是必须要有耐心，才能让孩子吸收到均衡的营养。

★ **1~4岁的孩子**

这个时期的孩子需要的营养摄取量很高，但胃口却不大。因此少量多餐的饮食方式最适合，一天大约可吃6~7餐。特别要注意的是，此时孩子随着年龄增加，辅食渐渐转变成主要的营养来源，但是奶类的摄取仍然很重要。另外，孩子已经可以跟着吃大人的食物，但是口味要比较清淡、食物质地要比较细软。

★ **4岁以上的孩子**

孩子已经会自己选择食物，胃口也好很多。爸妈应该特别注意，不要让孩子养成吃零食的习惯。如果孩子在餐与餐之间有肚子饿的情形，可准备健康、营养的点心。

Ch.4 打造健康宝宝

teamwork　文/洪淑菁　采访咨询/新光医院小儿科医师刘明发

健全胃肠道 宝宝长得高又壮

4-1

当宝宝还在母体内时，肠道处于无菌干净状态下，自从宝宝一出生，肠道会伴随空气与细菌进驻，避免感染是胃肠道发育良好的首要条件。

胃肠道发育不全会影响宝宝的营养吸收，再加上营养不良，会使宝宝整体的发育出现全面性迟缓，包括脑、肢体、运动功能、智商、免疫力等的发育迟缓。一般来说，胃肠道发育可分为结构性发育和功能性发育两种。

溢奶可自然好转

结构性发育异常包括肠扭转不良、先天性12指肠狭窄，如果是属于严重的异常现象，需要外科手术矫正，而胃食道反流，因为较轻微，通常可以自然痊愈。

新光医院小儿科医师刘明发表示，新生儿出生后不久，常见的胃肠道疾病就是胃食道反流，也就是通称的"溢奶"。溢奶主要发生在宝宝被喂饱后，拍背打嗝后会吐一口奶。只要宝宝的身高、体重发育正常，这种现象通常在4至6个月即会自然好转。

乳糖不耐受症者可改特殊奶粉

功能性发育异常则是指营养的消化能力有问题。刘明发指出，一般来说，未满4个月的宝宝只能喝母乳或婴儿配方奶，且少量多餐，逐渐增加。但因人体消化酶的分泌是随着年龄增长而逐渐增加，例如胃酸的分泌量在宝宝3个月大时

从症状辨别胃肠道发育不全的原因

在处理胃肠道发育不全的问题前，首先要判别究竟宝宝的问题是属于哪一类。刘明发指出，宝宝肠道发育不全若是属于结构性问题，往往出生后一个月内就会出现经常性的呕吐，且含有胆汁，或是因无法摄食足够的量，造成婴幼儿经常性哭闹、体重不增反而下降等症状。若是属于消化性功能发育不全，除了呕吐物不含胆汁之外，常会合并腹胀、喂食后哭闹不安、肠绞痛或是慢性腹泻的症状，造成身高和体重发育迟缓。

乳糖不耐受的宝宝，严重者需要喝不含乳糖的奶粉，才能避免引起肠胃不舒服。

才会达到高峰，而胰液的分泌则是到6个月大才会足量。

但，乳糖酶在出生的时候就达到足够的分泌量，除非是乳糖不耐受的婴幼儿，才会无法消化一般的母乳或配方奶。

乳糖不耐受症是宝宝常见的疾病，这类婴幼儿常常不吃或是吃不好、腹胀、哭闹，偶尔合并呕吐。轻微的症状可用药物控制，严重者则需改喝不含乳糖的奶粉，也就是所谓的止泻牛奶或特殊配方奶。另外，大于6个月的婴幼儿除了喝牛奶外，还会添加辅食。由于食物较多元化，容易发生胃肠炎，出现呕吐或腹泻的症状，这时须视呕吐或腹泻的严重程度，给予口服药物或静脉点滴。

避免感染，改善胃肠道发育

刘明发表示，在母体内，宝宝的肠道处于无菌的干净状态，自从宝宝呱呱落地，呼吸第一口空气后，肠道就会开始有空气和细菌进入。而且，宝宝的胃肠除了消化酶不足之外，蠕动功能也不好，处于相当脆弱的状态，因此避免感染是使宝宝胃肠道发育良好的首要条件。

避免感染，最好的方法就是为宝宝提供最好的营养，那就是母乳。刘明发指出，母乳除了能提供宝宝出生后4至6个月内所需要的营养外，也可提供免疫球蛋白，使宝宝肠道免于受到感染及破坏。若妈妈因为某种原因无法哺喂母乳，所有的哺喂器具，包括奶瓶、奶嘴，都需要彻底消毒杀菌（煮沸10分钟以上），冲泡使用的水也要煮沸后才可食用。

服用营养补充品前,先问医师

随着食品工业的突飞猛进,配方奶的营养素相当完善,已足以应付宝宝生长发育所需的营养,有些营养素甚至是过犹不及。刘明发表示,宝宝4至6个月大时,不需要额外补充营养素,因为太多的营养素反而会增加宝宝肾脏的负荷,长期下来会影响肾脏功能,因此,除特殊情况如早产儿、胆道闭锁等,一般不需额外补充营养。

到了可喂食辅食的月龄,只要辅食添加足够,就不需要为宝宝添加额外的营养素。至于"益生

为了避免宝宝感染,除了哺喂母乳外,哺喂器具如奶瓶、奶嘴也需要彻底消毒杀菌。

菌",也就是俗称的乳酸杆菌或比菲德氏菌,根据文献资料显示,虽然具有帮助胃肠道健全发育、避免感染、帮助消化等功能,但在有些情况下也会引起感染,让宝宝服用前最好先请教医师。

刘明发强调,胃肠道疾病的症状重叠性很高,若宝宝有胃肠道疾病时,最好请教小儿科医师及营养师。营养素的补充也必须在专业医师的建议下使用,比较安全。摄取过多或过少的营养都会造成胃肠道负担,且添加的食物以天然食物最为理想。

teamwork 文/马偕医院小儿科主任医师詹伟添

4-2 调整饮食和生活习惯 轻松解决宝宝"嗯嗯"问题

便秘是很多人的心头大恨,宝宝也不例外。协助宝宝顺利解便可是现代父母不可不知的课题哦!

现代亲子间相处的时间越来越少,但不少父母回家的"亲子时间"竟然是陪宝宝蹲马桶。当宝宝用力用得满脸通红,在众人期望下,一颗颗像羊屎的大便出来了,这会儿大伙才松一口气,至少宝宝今天可以舒服入睡,不再受屁屁疼痛之苦。

便秘,现代人的文明病

现代人吃得越来越精致,饮食习惯往往偏重于高热量、低纤维、易消化吸收的食物,再加上"上大号"又往往受到时间、地点和情绪的影响,使得便秘的患者大大增加,成为时下流行的一种文明病。很多人都认为,便秘只有大人才有,其实,便秘的发生是没有年龄之分的,只是各年龄层便秘的原因略有不同。即使原因不同,便秘的患者却都会出现腹部疼痛、不适和腹胀等症状。

宝宝也会便秘

每个人对便秘的定义不尽相同。一般来说,排便若发生困难,且次数减少,就可称为便秘。客观上则将便秘定义为一星期如厕少于3次。但事实上,对于便秘的定义,除了次数外,还必须兼顾到大便的软硬度、次数及解便困难与否。同时,还要兼

胀气的发生原因与解决方式

长期便秘造成排便不良会影响营养吸收。倘若婴儿发生胀气(肠气增加)时,该如何处理?

❶ 宝宝以奶瓶喂食时,奶嘴洞口大小不适,空气会由奶嘴缝隙吸入。所以,若以奶瓶喂食时,要以适当的奶嘴或能减少胀气的奶嘴为宜。

❷ 过度喂食、哭闹或食物中含大量碳水化合物,容易在肠道中产生胀气,因此食物不要含太多碳水化合物,如:马铃薯、红薯、豆类等。

❸ 食物上,父母可选择一些低乳糖奶粉、鲜奶或酸奶,这些食物对改善宝宝便秘很有帮助。

顾个人的主观感觉。因为有些人即使天天都上厕所，粪便也不硬，但每次上厕所却都没有解完，腹胀、不适感常常发生，也属于便秘。

也有不少婴儿的大便很硬，且解便困难，甚至因为解硬便而发生肛裂带血的情况，一天解便至少有3至5次。类似这种情形，医生还是将其认定为便秘。

宝宝为什么会便秘呢？新生儿时期常见的便秘原因与喝奶粉有关，只有少部分是因消化功能和胃肠蠕动功能不够成熟所致。

倘若婴儿配方奶粉中的糖分比较少，脂肪或酪蛋白含量过高，就容易发生便秘。有时冲泡方法有误，例如，虽然水分适量，但奶粉放太少、奶水浓度太稀也会造成便秘。倘若因解硬便而导致肛裂、排便困难及疼痛，则容易造成恶性循环。

治疗便秘的方法

除饮食该注意外，还有下列治疗便秘的方法可供参考：

❶ 多做运动：对于较大孩子的慢性便秘，可藉特殊运动，如"提肛"来帮助，或下腹部用力训练。

❷ 排便的认知与教育：宝宝排便时，应专心一致，避免分心，切忌一面看电视，一面大便。

❸ 药物治疗：原则上，药物治疗是使用在慢性便秘者身上的，而且是在上述方法及饮食调整后，仍未有改善的情况下才会使用。切勿使用偏方，如香皂、凡士林或用手指挖便便，或自行用药，以免延误病情。

❹ 若使用上述方法仍未改善宝宝便秘情形，则应至医院小儿科求诊，以便及早治疗。

哺喂母乳，解决便秘

宝宝便秘与配方奶粉的摄食息息相关，所以，要宝宝排便顺畅，不易便秘，最简单及最理想的方法就是哺喂母乳。

喂食母乳的婴儿，在第一个月时，一天可能排便多次。宝宝会边吃边解大便，且以黄、稀、带水样的大便最为常见，很少会有便秘的情形发生。满月后，大便的次数会逐渐减少，可能会2至7天才解一次软便，且婴儿本身没有疼痛感，属于正常现象。

如果母亲因身体状况，未能哺喂母乳，而宝宝吃配方奶粉又会产生便秘时，则可在两餐中间添加葡萄糖水或偶尔在温度计上涂上凡士林，轻轻刺激宝宝的肛门。

摄取足够的纤维素和水分

宝宝满6个月大后，即可添加辅食。辅食可选用高纤、高糖的食物，这些食物都有助于改善便秘。木瓜、水梨等食物对便秘的改善也很有帮助，尤其黑枣汁的效果更佳。为避免便秘，不宜摄取过多富含脂肪和淀粉的食物，例如红薯、马铃薯等。

此外，水分一定要充足。每天要摄取约800~1000ml左右的水分。水分摄取的多寡与大便的软硬度有关。所以，让宝宝摄取足够的水分，也能帮助解决硬便或便秘的问题。但要注意的是，一岁以下婴幼儿的食品中不宜添加蜂蜜。

宝宝的第一次便便

通常婴儿出生后第一次排便的时间约在出生后24小时之内。大部分宝宝于36小时内会解出人生第一次墨绿色的胎便。在2至5天后，大便颜色会渐渐转为黄绿色，而且颜色变淡，最后大便颜色会转为黄绿色或金黄色，称为"奶便"。倘若出生超过48小时，宝宝仍未解胎便，家长便要小心宝宝是否合并先天性巨结肠症。

导致便秘的疾病

除了饮食习惯导致的便秘外，有些疾病也会造成便秘。在小儿科门诊中，大部分的便秘患者以功能性原因为主。但一些疾病，例如甲状腺功能低下症、先天性巨结肠症、胃肠不完全性阻塞、肠道神经元发育不良、肛门狭窄等也都会导致便秘的发生。此外，部分药物也会抑制肠蠕动，是常见的人为便秘原因。

4-3 宝宝不喝牛奶 "乳糖不耐受"是主因！

你的宝宝不喝牛奶吗？先别急着逼他/她喝，因为，宝宝可能是有乳糖不耐受症！找出原因加以改善，才是可行之道。

牛奶中含有许多乳糖，为了要消化这些乳糖，必须使用肠道中的乳糖酶来消化。一旦乳糖未经充分消化，即由小肠输送至大肠，则会引起肠道发炎、下痢等症状，这称为乳糖不耐受。

先天性乳糖酶缺乏的人非常少，主要是乳糖酶的活性缺陷。继发性乳糖不耐受则通常与肠道受损，导致乳糖酶缺乏有关。

乳糖酶，消化乳糖所需

婴儿食物中主要的糖分是乳糖，母乳、婴儿配方奶都是一样的。要消化乳糖，就一定需要乳糖酶。早产儿通常缺乏乳糖酶，因此早产儿的食物配方常以玉米糖浆或其他葡萄糖来取代40%~60%的乳糖。早产儿的母乳，其乳糖含量也会比较低，因此在母乳的喂食上没有问题。早产儿配方奶的喂食，必须从稀释一半的浓度开始喂食至正常浓度。

新生儿出生1星期左右，偶有短暂乳糖不耐受的现象，此时可考虑将配方奶泡稀，或加乳糖酶来消化乳糖，帮助吸收。

乳糖酶活性通常在3岁后会下降，在较大的小孩或成人也有可能有乳糖不耐受的症状。在美国，估计大约有15%的

成年白人、40%成年亚洲人和85%成年黑人，因肠道乳糖酶缺乏，导致乳糖不耐受，产生急性腹泻、腹鸣、腹胀等现象。

诊断乳糖不耐受的方式

在诊断乳糖不耐受时，除了评估临床症状外，还可利用呼气，产生氢气试验。因为糖类水解主要是在肠道绒毛上的刷状缘，当糖类水解不完全时，过多的糖类就会堆积在远端肠腔中。肠道细菌就会将糖类代谢成有机酸和氢气，在呼气时释放出来。若服用抗生素则会抑制肠道氢气产生。此检查虽然敏感度高，但临床上少用。

第二种方法是检测大便的pH值和检查大便是否有还原糖（乳糖）。因为如果肠道内有过多糖类和有机酸，就会吸收水分，导致水样腹泻。大便中含有过多糖分，大便pH值会小于5.6，且大便会出现还原糖（乳糖）。

第三种方法为肠道切片检查，直接分析肠道绒毛刷状缘的乳糖酶活性。

调整奶制品，宝宝健康成长

乳糖不耐受的宝宝，其治疗不外乎移除饮食中的牛奶，或是在牛奶中加入乳糖酶配方。活菌培养的酸奶因含有会产生乳糖酶的细菌，也可以给乳糖不耐受的孩子食用。另外，可使用不含有乳糖配方的牛奶。

乳糖不耐受的宝宝大都属于继发性，原发乳糖不耐受相当少见。当发现且确定为乳糖不耐受，只要去除牛奶或改用不含乳糖配方的牛奶，或是在牛奶加入乳糖酶，其生长和发育都不会受到影响。

Ch.5

吃饭训练四步骤

吃饭训练 4 步骤

和孩子一起玩过家家的游戏，先让孩子喜欢拿汤匙，饭碗里暂时不要装填食物，并且在游戏中教给他/她碗和汤匙的使用方法，等孩子的动作逐渐熟练、心态也准备好了之后，就可以进入实战训练的阶段了。

进食，是人类的本能。但从一个吃饭、穿衣、洗澡都需要人代劳的奶娃娃，到学会可以自己吃饭，却是要经过一番练习的。

许多幼教老师都会建议家长，进入团体生活的首要条件，就是培养基本的生活自理能力，而自己吃饭，就是其中很重要的一项。书田诊所小儿科主任医师陈永绮表示，在训练孩子学会自己吃饭前，家长最重要的就是先做好不怕脏的心理准备。

乳牙长齐后便可开始训练

究竟孩子几岁开始可以进行吃饭训练呢？陈永绮认为，0至3岁是学习饮食最重要的阶段，不过还是要视孩子牙齿发育的成熟度而定，最好等20颗乳牙完全长出（见图1）后，再开始训练。

此外，在进行吃饭训练前，可以先协助孩子训练嘴部肌肉的咀嚼和吞咽能力，还有嘴部肌肉的协调度。因为尚未添加辅食之前，纯奶类的饮食方式只会训练到孩子的吸吮能力，所以陈永绮建议家长，在婴儿4个月左右开始添加粉状或糊状的辅食后，就可以为下一步的吃饭训练做准备了。

做好身心准备·学习事半功倍

为孩子进行任何一项训练，想要事半功倍，家长必须自己先做好"功课"，首要之务就是了解孩子身心发展的状况。当你真正了解孩子的能力和情绪发展后，才能够掌握孩子的学习状况，而且也可以减少许多亲子间的冲突和不愉快。

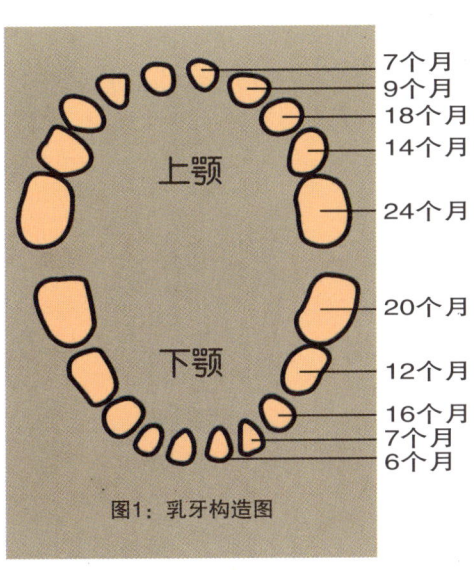

图1：乳牙构造图

上颚　7个月　9个月　18个月　14个月　24个月
下颚　20个月　12个月　16个月　7个月　6个月

那么，帮孩子进行吃饭训练前，还应该注意哪些事情呢？陈永绮表示，家长必须留出充分的时间，并且有十足的耐心，最好还要仔细观察孩子的身心状况是否已准备就绪。以下两个方法，可帮助家长使孩子在进行吃饭训练前，让身心发展做好准备：

1. 心理准备

以多种食材诱发进食兴趣

家长请准备具有不同香味的食材，多让孩子闻，可刺激孩子嗅觉的发展。同时，也多准备口味不同的食物，让孩子在食物上多方尝试，并藉此观察孩子的胃口是否良好，能否接受新食物的味道。

2. 生理准备

提供促进肌肉发展的器具

7~9个月大的婴幼儿已经能够自己坐在餐椅上了，家长可准备适合孩子使用、且安全性高的食具，放在桌上，供孩子把玩，同时也观察孩子肌肉的粗细运动是否协调，还有抓、取、拿、握的动作是否顺畅。

0~3岁婴幼儿学习饮食的4个阶段

阶段	年龄	饮食重点
牛奶期	出生~6个月	母乳、婴儿配方奶。
咀嚼期	6个月~1岁	添加糊状或粉末状的辅食。
过渡期	1~2岁	臼齿已有磨牙的功能，可提供固体的肉馅，以及较软的块状蔬菜。
成熟期	3岁以上	乳牙已完全长好，可如成人饮食。

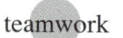 teamwork 采访·撰文/季实　拍照执行/陈怡君　咨询/书田诊所小儿科主任陈永绮医师　摄影/江建勋
模特/bobo陈榆姗·mami杨惠雅　童装提供/ELLE·Montagut　拍摄场地提供/二马卤味摊

4个步骤，用餐时间不再伤脑筋

家有小小孩的父母，想必一到了吃饭时间，就是头痛的开始。大一点的孩子，可能边吃边玩，家长得跟在他们屁股后面追着喂；年纪小、刚开始学习吃饭的，可能搞得身上、桌上、地上都是脏兮兮……

其实训练孩子自己吃饭是有阶段性做法的，只要循序渐进，并从小建立良好的用餐习惯（如一定要在餐桌上进食、不边看电视边吃饭、不可边玩边吃等），等孩子再大一些，亲子双方应能共度一个非常愉快的用餐时光。陈永绮的建议步骤如下：

准备物品→
餐桌椅、围兜、塑胶碗、塑胶汤匙、塑胶叉子、学习杯、地板垫材（报纸、垫子等）。

↓步骤 1　建立新的饮食习惯

第1阶段，先由家长喂食。此时必须建立孩子新的饮食习惯，让他/她慢慢接受新食物的口感，由液状变成糊状，观察孩子胃肠道的吸收状况没问题之后，再渐进式给予切成小丁小块的固体食物。

步骤 2　从游戏中学习使用餐具→

第2阶段，当孩子可以做出抓、取、拿、握等动作后，就代表孩子的小肌肉发展已然成熟。此时，请家长准备适合孩子使用的餐具，例如大小适中的汤匙和碗盘，最好是塑胶材质（耐摔），而且是无棱角的设计。然后，可以和孩子一起玩过家家的游戏。饭碗里暂时不要装填食物，先让孩子喜欢拿汤匙，并且在游戏中教他/她碗和汤匙的使用方法，等孩子的动作逐渐熟练、心态也准备好了之后，就可以进入实战训练的阶段了。

←步骤 3　在专属餐桌椅上学习进食

第3阶段，请家长帮孩子准备个人专属的餐桌椅。餐桌椅是训练孩子学习自己用餐非常好的帮手，因为餐桌椅具备以下2项优点：

❶ 可选择适合孩子身材的型号及尺寸。一来可提高孩子用餐的舒适感，并降低其排斥感；二来可建立定点吃饭的习惯，以此加强孩子的认同感。

❷ 通常餐桌椅的桌面会设计为可收放式，而在用餐时，桌面必须放下来使用，如此一来可减少孩子乱跑的机会，也能够让孩子专心用餐。

←步骤 4　与成人同坐用餐

第4阶段，4岁以上的孩子在经过前面3个步骤的训练，也能够自己坐稳后，就能够和成人同桌用餐了。这个阶段是建立良好餐桌礼仪的关键时期，所以请开始灌输孩子正确的用餐观念，譬如：

❶ 餐前洗手，饭后刷牙。
❷ 不要狼吞虎咽，要细嚼慢咽。
❸ 吃多少、取多少，避免浪费食物。
❹ 口中有食物时，不要开口说话。
❺ 不偏食、不挑食。
❻ 用餐完毕，才能离座。

关于吃饭训练Q&A

各位爸爸妈妈，当你在协助小宝贝进行吃饭训练的过程中，可能会遇到许多的困难与问题，但是这些障碍只是一时的，千万不要气馁，也不要轻易放弃！以下列出几个在训练过程中常会碰到的问题，听听既是医师、也是妈妈的陈永绮怎么说：

Q：孩子不小心噎到，怎么办？

A：吞咽能力尚未成熟的幼儿，很容易被食物噎到，因此对于3岁以下的婴幼儿，有以下两种处理方法：

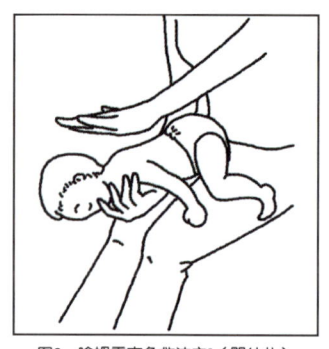

图2：哈姆雷克急救法之1（婴幼儿）

❶ 家长可用单手将婴幼儿环抱住，让婴幼儿的脸部朝向地面，并把婴幼儿的身体俯放在你的腿部，然后你再用另一只手，去拍打婴幼儿的背部，将食物拍打出来。（如图2）

❷ 让婴幼儿平躺，家长用手按住婴幼儿的腹部，往食道（即呼吸道）方向推挤过去，利用腹部的压力推挤出食道中的食物。

对于3岁以上已会站立的幼儿，家长可从幼儿的背后，约在胸骨前、腹部处用双手抱紧幼儿，往上挤压，直到把食物挤压出来。（如图3）

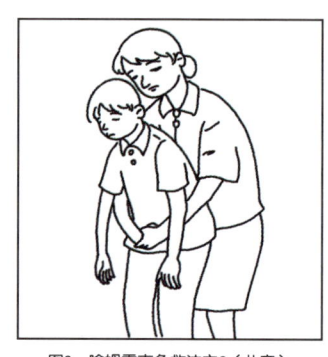

图3：哈姆雷克急救法之2（儿童）

Q：当孩子出现拒吃的情形时，怎么办？

A：由于4~5个月大的婴幼儿还停留在喜好吸吮的时期，他们并不喜欢咀嚼的动作，所以家长必须先帮孩子做心理建设。若是引导无效的话，通常是因为孩子太过固执，最常见的就是孩子用紧闭嘴巴来表示抗议。

不过，这类抗议通常无法持久，因为婴幼儿对于饥饿的忍耐度十分有限。家长只要除了正餐以外，不要再喂食孩子任何其他食物，等用餐时间一到，宝宝感觉到肚子饿，自己便会要求进食，此时请提供孩子一些容易吞咽的食物。

Q：当孩子进食量不如预期时，怎么办？

A：请家长一方面先观察孩子的进食情形，另一方面也要了解孩子的情绪和身心发展是否已经适合进行吃饭训练，由此找出孩子食欲不佳的原因。如果是因为孩子挑食，像是青椒、茄子、洋葱等食材最不受小朋友的欢迎，家长还是要想办法让孩子吃，但是千万不要用强迫的手段。建议方法如下：

❶ 可以利用孩子的喜好去引导他/她接受不喜欢的食物。例如，吃一块青椒就可以盖一个乖宝宝奖章。

❷ 改变烹调方式。例如，将孩子不喜欢的食材剁碎，和孩子喜欢的食物混合在一起烹调。

❸ 利用营养替代品。例如，孩子不喜欢吃牛肉，而牛肉和猪肉都同样富有蛋白质，那么烹调的食材就以猪肉代替牛肉。

Ch.6 离乳餐具大公开

离乳餐具大公开

建立幼儿生活自理能力的第一步，先从训练他/她自己吃饭开始。想激发孩子的学习热情与意愿，先从准备可爱的专用餐具开始！

建立幼儿生活自理能力的第一步，先从训练他/她自己吃饭开始。想激发孩子的学习热情与意愿，先帮他/她准备一套可爱的专用餐具吧！

餐具有益手部功能发展

孩子几岁可以开始练习自己吃饭呢？餐具又该怎么挑选，才能有利于学习？宏恩医院职能治疗师程淑宽表示，以一般正常的身体发展历程来说，婴幼儿大约在6个月大之后，家长就可以尝试不用奶瓶而改以杯子喂水；1岁左右可以让孩子试着以双耳杯（可让幼儿双手抓握的杯子）练习喝水或其他饮品，3岁时抓握能力发展成熟，就可以进步到以单手拿杯子，并且控制得不错。

在使用餐具方面，婴幼儿约从1岁开始可以学习用汤匙吃饭，2岁至2岁半之间可以自己用手拿汤匙，同时可学习使用叉子；2~3岁开始用筷子吃饭，4~5岁已经可以用筷子夹菜，但是动作还无法太熟练，大约在5岁以后就可以开始学习使用餐刀了。

程淑宽并指出，学会使用餐具，不但是幼儿学习生活自理能力的第一步，藉由练习使用餐具，更能增进手部精细动作的发展。例如当孩子开始学习使用汤匙，通过自己练习用汤匙进食，就可加速抓握能力的成熟，如此一来，拿汤匙的技术就会更佳熟练与精巧。

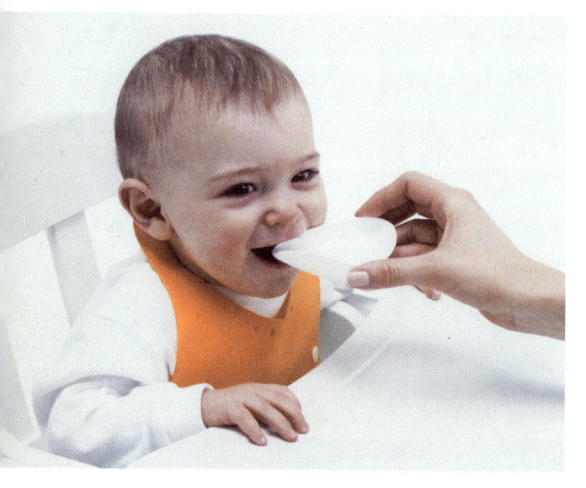

三大提醒，教你选对幼儿餐具

程淑宽针对幼儿餐具的选购，提醒家长三大该留意的事项：

1.筷子的长度&材质

筷子太短或太长，都会影响孩子操作时的方便度；筷子的材质也不宜过滑，否则食物容易掉落，让孩子产生学习挫折。

2.汤匙的把柄大小&汤勺深浅

汤匙的把柄大小是否容易抓握，对于学习速度与手部精细动作发展大有影响；汤勺深浅则会影响孩子的食欲与消化喔！

3.碗的深浅

碗的深度不宜过深，否则孩子不易舀取食物；也不宜太浅，不然食物容易溢出。

餐具合宜，学习效果佳

除此之外，如果孩子使用的餐具过大、过小或过重，不符合他/她的操作能力时，使用起来也会有挫折感，渐渐地就不喜欢自己练习吃饭，转而依赖大人的喂食，同时也会因此降低了日常生活的独立性。

因此，家长在选购幼儿餐具时，除了要留心材质、耐热程度和是否耐摔等细节之外，也应该留意餐具的大小、重量和功能性；而家中有幼儿正在学习使用餐具的家长，不妨也趁机检视一下，给孩子使用的餐具是否有上述问题。

程淑宽最后提醒家长，使用餐具对成人来说是很稀松平常的事，但是对幼儿来说，却是一种全新的体验，影响的更是手部精细动作的发展，家长千万不要轻慢以待。

选择幼儿汤匙，汤勺的深浅大小要适中！

帮孩子挑选汤匙时，可别只顾着造型可爱，记得留意汤勺部分的深浅及大小是否适中。汤勺过小过浅，食物容易溢出，且喂食次数自然会增加，耐力差的孩子容易觉得疲累而不想吃饭。

汤勺过深过大，一来不易喂进孩子的小嘴巴里，二来则可能因此吃进过多食物，不但不容易咀嚼，也容易造成消化问题。

撰文·执行/杨舒婷　咨询/宏恩医院职能治疗师　程淑宽

teamwork　商品·资料提供/奇哥（股）公司·台湾康贝（股）公司·台湾爱普力卡（股）公司·东凌（股）公司
智慧家（哆啦a梦）国际有限公司·雪弘实业（股）公司·马林国际事业有限公司·世潮企业（股）公司

喂食姿势学问大!

如何喂小孩,姿势很重要!程淑宽提醒家长,在喂食过程中,必须注意让孩子的头部尽量保持在中线的位置,不可以过度后仰。许多家长喂孩子吃饭时,很容易将手扬起,孩子的头部也就跟着顺势向后仰,每吃一口饭就点一下头。其实这样的喂食方法,很容易造成孩子在吞食的时候呛到,家长应该尽量避免。

在喂食的同时,家长也应该尽量跟孩子面对面,并增加脸部愉快的表情和声音,因为这样不但可以让用餐气氛变得愉快,也可以建立良好的亲子互动。

如果让幼儿自己使用餐具吃饭时,除了要注意使用的餐具是否符合孩子的操作能力之外,清洁与否、碗盘或汤勺深度、桌椅高度等也都要一并考量(桌椅太高或太低,都会让孩子感到不适,进而影响进餐意愿与消化);而用餐环境也不能过于嘈杂(最好不要在用餐时间开电视),否则孩子很容易受到干扰,无法安静专心地进食。

▼智慧家(哆啦a梦) 小魔女长柄匙、安全汤匙
▲智慧家(哆啦a梦) 小魔女圆3格盘

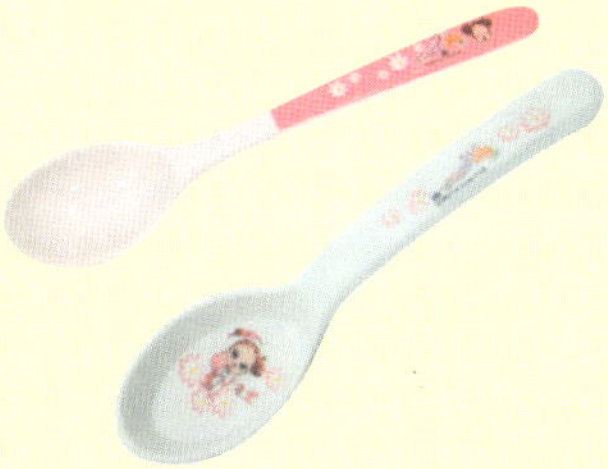

▼智慧家(哆啦a梦) 小魔女叉匙组
▲智慧家(哆啦a梦) 小魔女平底碗 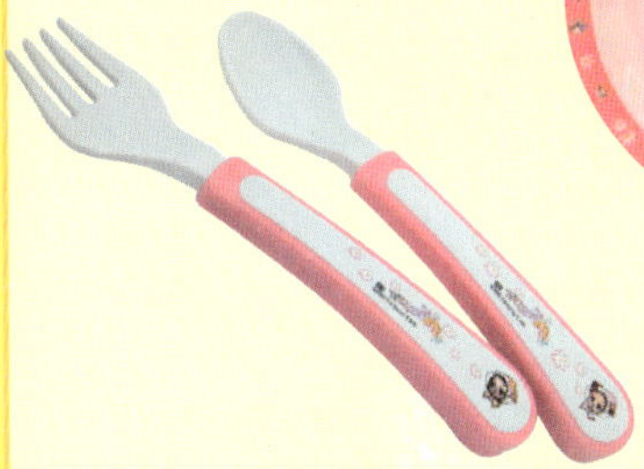 

▼智慧家(哆啦a梦) 麦粥碗 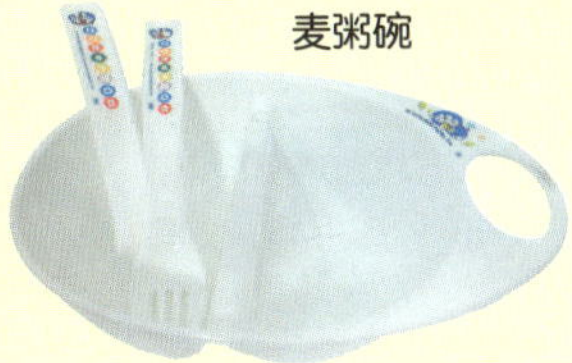 
▲智慧家(哆啦a梦)圆3格盘
▼BUGU奶匙  
▲BUGU圆3格盘

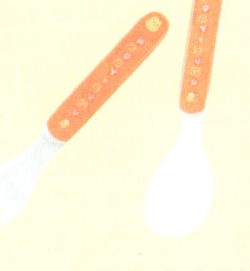

▼BUGU双耳碗
▲BUGU儿童叉匙(2入)
▼智慧家(哆啦a梦) 叉匙组
▲智慧家(哆啦a梦) 平底碗

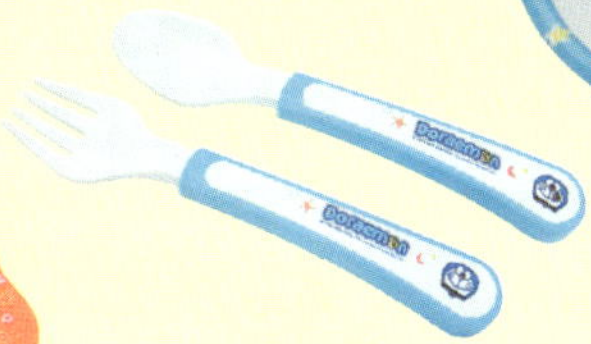

▼mothercare安全汤匙组

▲mothercare幼童匙碗组

▲黄色小鸭双色汤匙

▼黄色小鸭微波专用牛奶碗/粥碗

◀奇哥彼得兔吸力碗匙

▼贝亲Pigeon学习汤碗组
附2支糊状食物专用及果汁/汤专用汤匙及7~8个月起婴幼儿专用饮用嘴

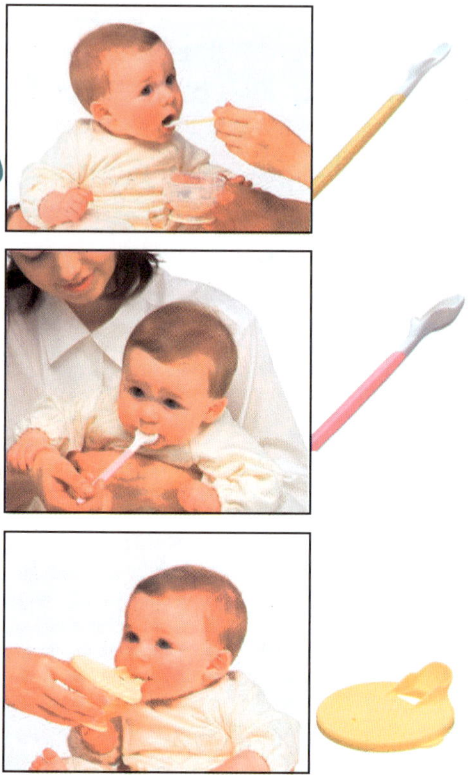

memo 口部训练的进行方法

哺乳期最重要的口腔训练，首先是吸吮运动能力，也就是通过吸吮动作，促进舌头和下颚的发展。然后，在4个月左右慢慢进入离乳时期时，为了让幼儿习惯和学习咀嚼，可在日常生活或游戏中加进相关的训练用具，协助促进有效的口腔训练。

配合幼儿成长期的3个训练阶段
Training of teeth in 3 different growing stages

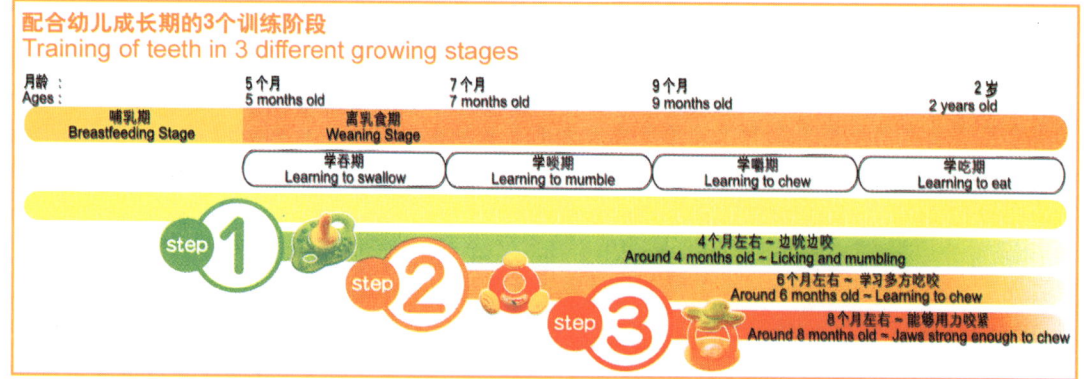

月龄 Ages		5个月 5 months old	7个月 7 months old	9个月 9 months old	2岁 2 years old
哺乳期 Breastfeeding Stage		离乳食期 Weaning Stage			
		学吞期 Learning to swallow	学唸期 Learning to mumble	学嚼期 Learning to chew	学吃期 Learning to eat

step 1 — 4个月左右～边吮边咬 Around 4 months old ~ Licking and mumbling

step 2 — 6个月左右～学习多方吃吃 Around 6 months old ~ Learning to chew

step 3 — 8个月左右～能够用力咬紧 Around 8 months old ~ Jaws strong enough to chew

离乳餐具大公开 ○○ 宝贝精力食谱

▲LaLaMamma幸福育儿食品餐具礼盒
* 产品内容：1.食物分类盘（大型置物盘+喂食三角盘3组） 2.小饭碗、汤碗
　　　　　 3.汤杯（附把手）、吸管训练杯（200ml）　4.双向造型匙、大容量汤匙、大容量叉匙、筷子
　　　　　 5.小型研磨碗、冷冻保存盒（含盖→3组）、外出道具放置盒
* 厂商：台湾爱普力卡（股）公司

▶彼得兔儿童餐具组
* 产品内容：1.平盘　　2.带边碗　3.单耳杯
　　　　　 4.小沙拉碗　5.不锈钢汤匙叉子
* 厂商：奇哥（股）公司

▼PUKU止滑点心餐盘（附汤匙、叉子）
* 厂商：雪弘实业（股）公司

▲Combi幼儿餐具分段训练套装组
* 产品内容：1.离乳食器套装　　2.盒装喂食匙
　　　　　 3.初学小碗、小叉套装　4.盒装餐匙、餐叉
　　　　　 5.大碗、婴儿饭碗　　6.婴儿牛奶杯、喂食碟
* 厂商：台湾康贝（股）公司

121

多让孩子练习咀嚼！

有些家长因为怕孩子无法确实将食物咬碎,囫囵吞枣会噎到,所以先将食物嚼碎之后再喂孩子吃。程淑宽表示,如果是孩子的咀嚼能力不好,家长的确可以试着先将食物嚼碎,以方便孩子吞咽;但是如果孩子已经具有不错的咀嚼能力,家长却还是代替孩子先行嚼碎食物,这样不但无法持续发展孩子的咀嚼能力,也无法训练孩子口腔肌肉的力量。

程淑宽指出,婴幼儿如果口腔肌肉力量不足,不但会影响未来语言发展,也可能影响到发音,造成口吃、构音异常等问题。多让孩子练习咀嚼,可以提供大量的本体觉输入,让孩子的情绪更加稳定。

可爱围兜系列　※厂商:台湾康贝(股)公司

▲柔软颈口
使用最柔软的素材和形状,可贴紧幼儿颈部。

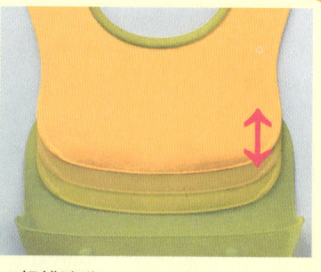

▲轻松清洗
使用柔软合成树脂素材,清洗时只须轻轻擦拭,清洁又卫生。

▲长度调节
配合幼儿成长阶段可作出3段式调节。

▲多功能口袋及收纳套
口袋部分既是围兜的收纳套,也能收藏叉餐匙等。

▲柔软型餐用围兜兜
※厂商:台湾爱普力卡(股)公司

▲奇哥围兜兜
※厂商:奇哥(股)公司

◀奇哥围兜兜
※厂商:奇哥(股)公司

▲黄色小鸭E.V.A.防水围兜
※厂商:东凌(股)公司

离乳餐具大公开 宝贝精力食谱

阶段	适合几个月宝宝	食物名称	对照页码
Step 1	（适合4~6个月宝宝）	米糊	19
	（适合4~6个月宝宝）	麦糊	20
	（适合4~6个月宝宝）	苋菜泥	48
	（适合4~6个月宝宝）	豌豆泥	48
	（适合4~6个月宝宝）	南瓜泥	49
	（适合4~6个月宝宝）	马铃薯泥	49
	（适合4~6个月宝宝）	苹果汁	61
	（适合4~6个月宝宝）	西瓜汁	61
	（适合4~6个月宝宝）	菠菜汁	62
	（适合4~6个月宝宝）	胡萝卜果冻	62
	（适合4~6个月宝宝）	木瓜泥	63
	（适合4~6个月宝宝）	香蕉泥	63
Step 2	（适合7~9个月宝宝）	鲂仔鱼粥	17
	（适合7~9个月宝宝）	蔬菜面	17
	（适合7~9个月宝宝）	烤吐司	19
	（适合7~9个月宝宝）	猪肝泥	34
	（适合7~9个月宝宝）	肉泥	34
	（适合7~9个月宝宝）	鱼松	35
	（适合7~9个月宝宝）	蛋黄泥	35
	（适合7~9个月宝宝）	红薯泥	50
	（适合7~9个月宝宝）	红薯叶泥	50
	（适合7~9个月宝宝）	胡萝卜泥	51
	（适合7~9个月宝宝）	番茄泥	51
	（适合7~9个月宝宝）	奇异西米露	64
Step 3	（适合10~12个月宝宝）	什锦通心面	18
	（适合10~12个月宝宝）	桂圆糯米粥	20
	（适合10~12个月宝宝）	鸡丝粥	21
	（适合10~12个月宝宝）	沙拉面包	22
	（适合10~12个月宝宝）	三明治	23
	（适合10~12个月宝宝）	狮子头	36
	（适合10~12个月宝宝）	香菇蒸蛋	37
	（适合10~12个月宝宝）	奶油鲑鱼卷	37
	（适合10~12个月宝宝）	海带芽豆腐羹	52
	（适合10~12个月宝宝）	果酱松饼	64
	（适合10~12个月宝宝）	水果杏仁豆腐盅	65
	（适合10~12个月宝宝）	芋头豆花	65
Step 4	（适合13~15个月宝宝）	煎萝卜糕	23
	（适合13~15个月宝宝）	鳕鱼粥	24
	（适合13~15个月宝宝）	焗烤通心粉	25
	（适合13~15个月宝宝）	鲑鱼炒饭	25
	（适合13~15个月宝宝）	馄饨汤	26
	（适合13~15个月宝宝）	香菇肉丸汤	38

阶段	适合几个月宝宝	食物名称	对照页码
Step 4	（适合13~15个月宝宝）	番茄豆腐	53
	（适合13~15个月宝宝）	蔬菜卷	54
	（适合13~15个月宝宝）	芝士乐之饼干	66
	（适合13~15个月宝宝）	核桃奶酪	66
	（适合13~15个月宝宝）	鸡蛋牛奶布丁	68
	（适合13~15个月宝宝）	水果酸奶沙拉	68
Step 5	（适合16~18个月宝宝）	猪肝粥	26
	（适合16~18个月宝宝）	蛋包饭	27
	（适合16~18个月宝宝）	茄汁炒饭	28
	（适合16~18个月宝宝）	丝瓜面线	29
	（适合16~18个月宝宝）	麻酱鸡丝	38
	（适合16~18个月宝宝）	猪肉串烧	39
	（适合16~18个月宝宝）	罗宋汤	40
	（适合16~18个月宝宝）	黄瓜镶肉	41
	（适合16~18个月宝宝）	蔬菜饼	53
	（适合16~18个月宝宝）	四色沙拉	55
	（适合16~18个月宝宝）	八宝牛奶粥（5人份）	67
	（适合16~18个月宝宝）	绿豆沙牛奶	67
Step 6	（适合19~21个月宝宝）	豆签面	29
	（适合19~21个月宝宝）	双色饭团	30
	（适合19~21个月宝宝）	香菇肉燥	41
	（适合19~21个月宝宝）	福袋	42
	（适合19~21个月宝宝）	腐皮肉卷	43
	（适合19~21个月宝宝）	糖煮胡萝卜	55
	（适合19~21个月宝宝）	青豆南瓜汤	56
	（适合19~21个月宝宝）	开阳白菜	56
	（适合19~21个月宝宝）	焗红椒	57
	（适合19~21个月宝宝）	扬出豆腐	57
	（适合19~21个月宝宝）	薯饼（5人份）	58
	（适合19~21个月宝宝）	凤梨果酱	70
Step 7	（适合22~24个月宝宝）	卷寿司	31
	（适合22~24个月宝宝）	南瓜米粉	31
	（适合22~24个月宝宝）	鲔鱼披萨	32
	（适合22~24个月宝宝）	小鱼蛋卷	43
	（适合22~24个月宝宝）	芋头蒸肉	44
	（适合22~24个月宝宝）	菠萝鸡片	44
	（适合22~24个月宝宝）	山药排骨汤	45
	（适合22~24个月宝宝）	鱼片汤	46
	（适合22~24个月宝宝）	烤马铃薯	59
	（适合22~24个月宝宝）	香蕉牛奶汁	69
	（适合22~24个月宝宝）	牛奶桂圆冻	69
	（适合22~24个月宝宝）	吐司牛奶布丁	70

图书在版编目(CIP)数据

全营养宝宝餐/妈妈宝宝杂志编著.——北京：华夏出版社，2010.1(2011年重印)
（育儿百科）
ISBN 978-7-5080-5486-5

Ⅰ.①全… Ⅱ.①妈… Ⅲ.①婴幼儿—保健—食谱 Ⅳ.①TS972.162

中国版本图书馆CIP数据核字（2009）第184391号

《宝贝精力食谱》
中文简体字版© 2008　由华夏出版社出版发行
本书经城邦文化事业股份有限公司 新手父母出版事业部授权，同意经由华夏出版社出版中文简体字版本。非经书面同意，不得以任何形式任意重制、转载。

版权所有，翻印必究
北京市版权局著作权合同登记号：图字01-2009-0269

全营养宝宝餐

0 至 二 岁 宝 宝 辅 食

出版发行：华夏出版社（北京市东城区东直门外香河园北里4号）
邮编：100028
经销：新华书店
印刷：北京人卫印刷厂
装订：三河市万龙印装有限公司
版次：2010年1月北京第1版
印次：2011年1月北京第2次印刷
开本：787×1092　1/16开
印张：8.25
字数：130千字
定价：29.00元

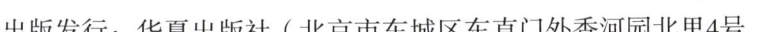

本版图书凡印刷、装订错误，可及时向我社发行部调换

Baby's Energetic Food